早期的寶寶教育

總主編 陳光

書名：啟動天才寶寶的語言能力

前言

　　有人說，女人是一本書，需要男人用一生的時間去細心的讀，慢慢的品味，才能體會到書中的芬芳與美麗；有人說，生活是一部書，需要我們每一個人用畢生的精力去研讀、去體驗，才能悟出生活的眞諦與人生的價值；其實，每一個孩子又何嘗不是一本書呢？只是，這是一本空白的書，這本書需要我們做父母的用心去寫，並用腦子去讀，才能使這本書的內容變得豐富多彩、精彩紛呈。否則，這本書的內容將會空洞乏味，不值一讀。

　　從某種意義上來講，環境對孩子成長過程的影響是舉足輕重的，甚至是一生的。

　　一個孩子在充滿批評與挑剔的環境下成長，他學會了吹毛求疵與譴責他人；

　　一個孩子在充滿敵意與壓抑的環境下成長，他學會了叛逆與反抗；

　　一個孩子在充滿驚嚇與恐懼的環境下成長，他會變得恐慌與迷茫；

　　一個孩子在充滿暴力的環境下成長，他學會了打擊別人；

一個孩子在充滿嫉妒的環境下成長，他學會了勾心鬥角；

一個孩子在充滿恥辱的環境下成長，他會變得自卑與仇恨；

一個孩子在充滿猜忌的環境下成長，他會變得煩躁與不安；

一個孩子在充滿虛偽的環境下成長，他學會了偽裝自己；

一個孩子在充滿溺愛的環境下成長，他會變得弱不禁風；

一個孩子在充滿被憐憫的環境下成長，他會變得自哀自怨；

一個孩子在充滿束縛的環境下成長，他學會了墨守成規；

一個孩子在充滿嘮叨的環境下成長，他學會了排斥他人；

一個孩子在充滿寬容的環境下成長，他學會了心存感恩；

一個孩子在充滿鼓勵的環境下成長，他學會了擁有遠大的志向；

一個孩子在充滿賞識的環境下成長，他會變得充滿自信；

一個孩子在充滿認可與接受的環境下成長，他學會了愛惜自己、尊重別人；

一個孩子在充滿肯定的環境下成長，他會擁有寬廣的胸懷；

一個孩子在充滿尊重的環境下成長，他學會了平等對待他人；

一個孩子在充滿分享的環境下成長，他學會了慷慨大方；

一個孩子在充滿公正的環境下成長，他學會了誠實；

一個孩子在充滿正義的環境下成長，他懂得了真理的可貴；

一個孩子在充滿友善的環境下成長，他懂得了親情的可貴；

一個孩子在充滿安全感的環境下成長，他學會了信任他人；

一個孩子在充滿安寧的環境下成長，他學會了熱愛生命。

…………

如果你希望自己的孩子成為天才，那麼請你捫心自問一下吧，你有沒有給予天才成長的土壤？正如一粒種子如果放在石頭上，你就不要指望它能夠生根發芽，只有埋入肥沃的土壤中，它才會有蓬勃的生機。語言教育永無止境，正如雨停下來便不再是雨，風停下來便不叫風。身為父母，應該不斷地提升、更新、修正、完善自己，才能使自己充滿魅力，成為孩子心中的太陽！

希望這本書的出版與問世能夠與廣大的家長朋友共悟、共鳴、共用！

目錄

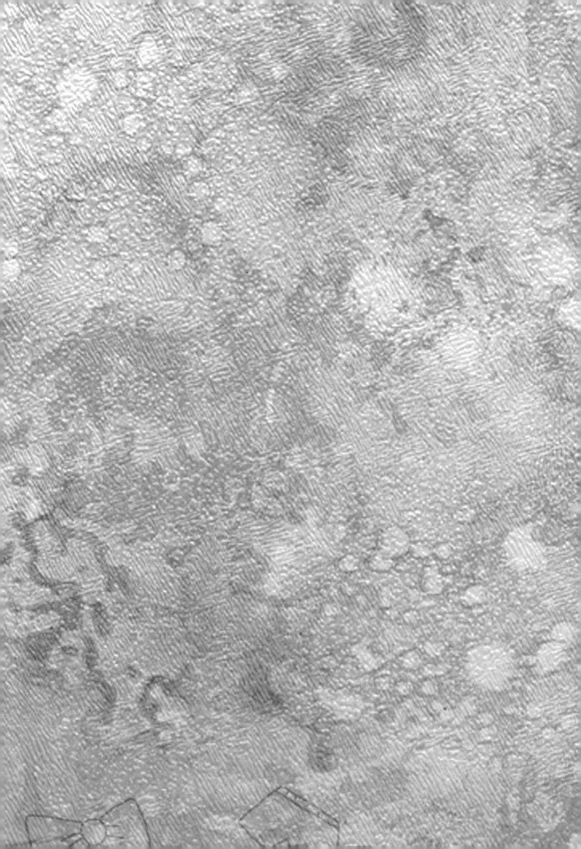

第一篇
早期對寶寶進行語言教育的重要性

第一章 早期教育應始於0歲

科學家研究發現，對寶寶進行早期的益智教育，將會在他們的腦海中留下永久印記，在幼年學習到的技能也能保存到成年時期。

紐西蘭有一項以前首相名字命名的「普魯凱特計畫」的國家行動計畫，主要研究0～3歲寶寶早期教育，現已取得很重要的研究成果。科學家對一千五百多個0～3歲的寶寶進行追蹤調查，發現早期接受教育的寶寶比未接受早期教育的寶寶智商平均高出17％左右，這一資料與許多專家的深化研究取得的結果一致，目前已被許多國家所認同。

科學研究顯示：寶寶時期是大腦發育最快時期，在這一時間內進行早期教育將會影響寶寶今後的一生。新生嬰兒可以從五個方面來開發其潛能，這五個方面指運動、精細動作、認知、語言和社會行為。

進行過早期教育的小朋友，在6、7歲時，就能遍識常用字，會彈琴、畫畫等，平均智商達到140以上；而沒有經過早期教育的寶寶，平均智商在109左右。有一個男寶寶11個月能說59個單字，一歲時能識別130多種物品，一歲半時能將11塊拼圖拼組成「海盜船」圖案，用積木搭成「大雁塔」。專家說，像這樣的例子，經過早期的寶寶教育，已不再是什麼神奇的事情。

第二章 寶寶早期思維發展與語言能力特徵

幼兒時期是寶寶思維與語言能力迅速發展的階段。如果父母們能夠緊緊抓住這一重要階段，不失時機地對幼兒加強思維能力和語言能力的培養，將有利於促進寶寶語言能力迅速發展。據教育專家研究，寶寶從出生到具有熟練口語能力大致經歷以下4個時期：

（1）發聲練習期（出生至6個月左右）

在這一時期中，寶寶還沒有言語能力，即既不能說出任何語詞，也聽不懂任何語詞，但是能發出各種不同的聲音。起初發出的聲音比較單一，以後透過模仿使發出的聲音越來越富於變化。這一時期所發出的聲音只是用於表達嬰兒的飢、渴、喜、痛等感覺，或是某種要求和欲望，還不是代表特定含意（概念）的語音符號，所以仍屬於第一信號系統而非第二信號系統。

（2）言語準備期（7至11或12個月）

在此時期內，寶寶雖然還不能開口說話，但已開始能對話語進行初步的理解（例如，當嬰兒聽到「把蘋果給媽媽」的話語時，能做出

拿蘋果給媽媽的反應）；此外，嬰兒還能透過簡單的體態語與大人進行交流（例如，舉起雙手表示要大人抱，用嘴巴做吮吸動作表示想吃奶）。對這一時期後半段的嬰兒來說，能大致理解（即能基本聽懂意思但還不能夠說出來）的語詞約有200個左右，其中名詞性的語詞和動詞性語詞大致各佔一半。而開始具有初步言語能力則是在這一時期的後半段，即在11或12個月前後。

（3）言語發展期（1歲至2.5歲左右）

在這一時期，寶寶已能以主動方式參與言語交際活動，即不僅能聽，而且能說。但是這個時期寶寶所使用的語言還是不成熟、不完整的，屬於幼兒的特殊語言。但是寶寶天生就有語義知覺能力——即對語音和語義進行辨識的能力，7至12個月的寶寶已經能聽懂200個以上語詞，並能理解較簡單的句子。

（4）言語成熟期（2.5歲至4.5歲或5歲）

2.5歲以後，由於寶寶的實踐活動（遊玩、學習等）日益增加，和別人的交際範圍逐漸擴大，言語能力隨之得到迅速的發展，對本民族口頭語言的掌握逐步熟練與完善。據中國著名心理學家朱智賢教授發表的資料：在20世紀的80年代，中國心理學家曾對十個省市兩千餘名學前寶寶掌握的總辭彙量進行統計，結果顯示：3～4歲寶寶常用詞有1730個，4～5歲寶寶的常用詞有2583個，5～6歲寶寶的常用詞有3562

個。寶寶到4歲以後，對本民族口頭語言的各種句型的掌握都已經逐漸趨於完善與成熟，今後主要是向「語用」方向進一步發展。事實上，當今的語言學界（不管是中國還是全球的語言學界）都承認一個基本事實：「任何一位4、5歲的寶寶都能無師自通地很好掌握包含數不清語法規則變化的本民族口頭語言。」（只是對於「寶寶為何只用幾年時間就能無師自通掌握本民族口頭語言」這個問題，目前語言學界還有各種不同的說法和爭論。）

由以上分析可見，「開始具有初步語言能力」是在幼兒「言語準備期」的後半段，即是在11或12個月前後；而「具有熟練的口語能力」則是在寶寶「言語成熟期」的後半段，即是在4.5歲或5歲左右。

第三章 瞭解寶寶語言發育的每個階段

年輕的父母們往往會犯這樣的錯誤，以為寶寶剛出生，不會講也聽不明白大人的話，所以就忽略和寶寶進行語言交流。其實不然，雖然這個時候的寶寶不會講，卻會聽。當然他不會馬上明白你的意思，也不會馬上有反應，但他會無意識地存記在腦子裡，以後學說話時辭彙就很豐富。

正常寶寶語言的發育經過發音、理解和表達三個過程，三方面內容一環緊扣一環，具體又可分為6個階段。

（1）準備期（0～1歲）

寶寶在這時期是咿呀作語和初步理解階段，故又稱「先聲期」。到寶寶8個月時這種發聲練習達到高峰，並會改變音量和音詞以模仿真正的語言。

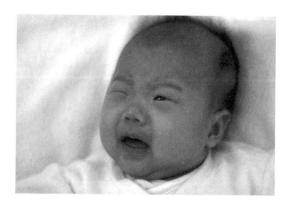

（2）語言發育第一期（1～1.5歲）

寶寶在這時期的語言特色是說單字句，能用手勢、表情輔助語言來表達需要；能以動物的聲音來代替其名；會模仿自己聽到的聲音，如問：你幾歲？他會鸚鵡式複述：幾歲，如同回音般，故醫學上稱為「回音語」。

（3）語言發育第二期（1.5～2歲）

寶寶在這時期又稱為「稱呼期」，這個時期的幼兒開始知道「物各有名」，喜歡問其名稱，字句迅速增加。

（4）語言發育第三期（2～2.5歲）

寶寶在這個時期已經能說短句，會用代名詞你、我、他，開始接受「母語」所表現獨特的語法習慣，如用感嘆句來表示感情，用疑問句詢問等。

（5）語言發育第四期（2.5歲～3歲）

寶寶在這個階段已經會使用一些比較複雜的句子，喜歡提問，故又稱「好問期」。

（6）完備期（3～6歲）

寶寶在這個階段已經達到流利的說話，會用一切詞類，並能從大人的言談中發現語法關係，修正自己錯誤的暫時性的語法，逐漸形成真正的語言。

「實行符合年齡的教育！」是家庭教育的主要方式，父母們只有瞭解寶寶的成長規律，善於與寶寶進行溝通、交流，才能幫助寶寶打開智慧之門。

第四章 讓寶寶在幼兒階段識字的重要性

　　教育專家指出：「讓幼兒學會一些常用漢字，儘早進行大量閱讀，不失時機的發展寶寶的言語及非智力因素，進而有效的提高寶寶的整體素質，這是實施素質教育的關鍵，所以，閱讀能力形成得越早越好。」

　　2001年1月，《國家語言文字法》指出「少年寶寶處於學習語言文字的最佳時期」。

　　2001年9月教育部頒佈的《幼稚園教育指導綱要》首次明確規定幼稚園要「利用圖書、繪畫和其他多種方式，引發幼兒對書籍、閱讀和書寫的興趣，培養學前閱讀和學前書寫技能」。這主要是考慮到幼稚園和小學階段的銜接。

　　新的《語言課程標準》要求9年義務教育制學生閱讀量達到400萬字，只有在學前打好識字閱讀的基礎，才能在小學跟上語言教學的步伐。

　　寶寶上小學一年級的張女士發現，自己的寶寶在識字方面「不合

格」，原因並不是寶寶智力有問題，而是寶寶班上的其他寶寶都提前識字了。據老師說明，那些識字能力達到優等級、中等級，包括合格的小朋友，他們絕大多數在幼稚園時期的學前教育中，就認識了不少漢字，有的小朋友上小學一年級之前就認識了1000多個漢字。如果學前教育中沒有對寶寶進行識字訓練，在小學要達到合格是很困難的，而且絕不可能達到優等級。

張女士有些後悔：當時小孩在上幼稚園時，自己希望他有個快樂的童年，於是給寶寶買了許多玩具，讓他自己拆裝，上公園到大自然中去，沒有想到讓寶寶多識字。張女士認為，一年級語言教育應該把小孩看成一張「白紙」，什麼都不懂，但現在剛上小學就有許多寶寶認識了不少字，這顯然不是在「一條起跑線」上的。

美國人口學研究專家認為，在開發寶寶智力方面，漢字具有西方拼音文字無可比擬的優越性。美國有關專家專門用漢字開發弱智寶寶的智力，獲得極大的成功。日本的石井勳博士專門用漢字開發寶寶的智力，做了三十多年的實驗和研究。他認為：日本幼兒5歲開始學習漢字，智商可達115；4歲開始學習漢字，智商可達125；3歲開始學習漢字，智商可達130以上。

中國從古至今有許多名人都是從很小就開始識字的。白居易在《與元九書》中寫道，在他很小還不會說話時，奶媽就教他認字，

「僕雖口不能言，心已默識之。」當代科學家竺可楨3歲開始識字，楊振寧4歲開始識字，一年多就認識了3000多字。而中國現代文壇的巨匠郭沫若先生5歲就已經能讀四書五經了。

第五章 教育寶寶識字的黃金階段

——漢字是基礎教育的靈魂，識字更是百課之母。

讓寶寶儘早識字的好處，在上一章裡我們已經談論過，相信不用我們多說你也應該相當清楚的，寶寶識字後可以提早讀書，知識累積相對就快得多，認識和理解事物的年齡也會提前。那麼，寶寶應該在幾歲開始識字比較合適呢？一些專家認為，2～6歲是寶寶一生中的識字黃金週，既接收快，而且可以培養記憶力、思維力、動手能力、觀察能力、語言能力和理解能力，並為自由閱讀和進入小學學習打下紮實的基礎。

寶寶學漢字時，應儘早培養寶寶的閱讀能力，以及注重培養寶寶的學習興趣。寶寶2歲時，是整體模式識別能力和自然記憶能力的最高峰，也是識字的關鍵期。2～6歲的寶寶學習漢字有利於右腦開發，而右腦的開發對寶寶智力的發展具有決定性意義。據專家分析，如果寶寶在6歲前學會2000個漢字，通常就無閱讀障礙。

不過關鍵是培養寶寶的學習興趣。寶寶識字不是閱讀的全部，

「早期閱讀」不是大人想像中的閱讀，更不是單純的識字，而是按寶寶的生理和認知特點進行的廣義閱讀，寶寶是從事物和反映事物的圖畫開始認識周圍世界的。「寶寶識字多，是具備了閱讀的可能條件，但如果離開了閱讀，識字再多也沒有意義了。因此，對父母而言，不必拘泥於入校前的寶寶到底識了多少字，而是要看寶寶有沒有學習的興趣和良好的習慣。」對寶寶來說，2～6歲時，他們的任務就是「玩」，因此，父母應該透過遊戲來發展寶寶的各種基本能力，千萬不要違背幼兒的認知規律而做「揠苗助長」式的超前教育。

學前教育與學齡教育不同，一般學習以遊戲學習為主，如果寶寶能邊玩邊學，興趣很濃，是可以學的，也不會有壓力，當然不能強迫學，有些父母不瞭解寶寶的特點，揠苗助長，一味地讓寶寶學英語、背古詩、做算術，0歲識字，3歲掃盲，並不可取。即使在學前階段教寶寶識字，也要採用科學的方法，並且要適量、適度和適宜。

有很多父母認為對寶寶進行早期識字教育沒有必要，因為在學前階段寶寶的任務是玩，包括一些幼稚園老師也持同樣的觀點。雖然也有一些父母覺得對寶寶進行識字教育是好事，但具體好在哪裡則不甚明瞭，同時，父母們還有些擔心，怕寶寶識了字，上小學後就不認真學習了。因此，也不知道該不該讓寶寶識字。

擔心寶寶識了字會影響小學學習，或者會使寶寶感到有壓力，對

25

學習失去興趣，應該說是很多父母不想讓寶寶識字的主要原因之一。

對此，專家主張透過寶寶識字，可起到幫助寶寶進行早期閱讀的作用。早期閱讀對寶寶有三大好處：一是開發寶寶的智慧潛能，二是培養寶寶對讀書的興趣，三是發展寶寶的思維能力。而思維能力的發展會促進語言能力的發展，使寶寶的表達能力、記憶力增強。

遊戲的確是寶寶的主要活動，識字無疑是一種學習活動，但遊戲跟識字並不衝突。要使寶寶遊戲與識字結合起來，在遊戲中識字，在識字中遊戲，才能取得識字的良好效果，同時這也是克服小學化傾向的有效途徑。

第六章 幼兒識字可提高寶寶的早期閱讀能力

　　心理學理論告訴我們，人在兩種情況下會無注意力，一是對此事一無所知時，一是對此事完全熟悉時。換句話說，也就是當他對某事略有所知，但卻並未掌握時，他的興趣是最大的。放到寶寶識字這件事上，讓寶寶識字但不以小學學習的標準來要求他，那麼，他對學習就更有興趣，這就是我們所說的「準備學習」階段。準備學習的目的是使幼兒產生學習的願望、興趣和求知欲，並獲得對該學習的敏感。由於寶寶上學前已識字，上學後重點是學寫，負擔減輕了，自然就不容易產生厭學了。

　　中國著名學者、作家錢鍾書先生，出生於書香之家，7歲以前就已囫圇吞棗地讀完了家中的藏書《西遊記》、《三國演義》等，又在街頭書攤上讀了很多書，雖然許多字還不完全認識，讀了不少錯別字，但故事情節卻深深吸引了他。一回到家，便把書上的內容滔滔不絕地講給兩個弟弟聽。由於他在中文方面有了「準備學習」，上學後作文總是遙遙領先，且博聞強識，成為清華三才子之一。但就是這樣一個高材生，上學前對數學卻沒有「準備學習」，連阿拉伯數字1、2、3

都不認識，上學後，他爸爸很著急，抓著他去補習數學，他卻一點興趣也沒有。考清華大學時，數學只得了15分，但由於他的中文和英文獨佔鰲頭，才被破格錄取。那是不是中文、英文比數學容易學習呢？當然不是，關鍵是他在正式開始學習之前沒有建構學習數學的認知結構。

一些父母由於教育方法不當，致使寶寶對識字缺乏興趣，效果不佳而對堅持教寶寶識字產生了動搖。寶寶識字的切入點並非識字，而是閱讀，不要為了識字而識字，不要以識字多少為目標。

第七章 對寶寶進行早期語言教育應持平常心

　　語言是最基礎的課程，小學的寶寶會被要求：先認字，後閱讀，然後是寫作。許多父母問，這些內容要不要在家裡提前教寶寶呢？如果寶寶有興趣，父母又有能力，可以教寶寶一些，即使教也只要教單韻母和聲母就足夠了。父母千萬不可以強迫寶寶去學中文拼音和漢字，以免寶寶對語言產生厭惡的情緒。而且，到了小學，這些老師都會教，寶寶也都能學會。

　　小學語言教育的目的不是爲了讓寶寶認識多少字，而是讓寶寶學會運用語言文字來表達與交流。在這個過程中發展觀察能力、想像能力和形象思維，提高寶寶對事物的認知能力。因此，父母應從這些方面爲寶寶做些準備。

　　現在開始，爸爸媽媽可以做的是：一是堅持和寶寶多說話，堅持用規範的語言說話。並不需要急著讓寶寶張口說。如果工作忙的話，可以買一些故事CD來放給寶寶聽。CD的選擇要愼重，選擇一些比較正規的出版社出的CD製品會比較放心，這些出版社出版的製品，語言

也比較規範，效果會更好。最好選擇有CD又配書的產品。寶寶聽熟了故事後，能自己對照著書「指讀」漢字，進而熟悉、認識這些漢字。二是看路牌認路名。不用刻意地教寶寶去認字，而是培養寶寶認字的興趣，以及對周圍事物的興趣。

語言是來自於生活的課程，父母可以有意識地帶寶寶旅遊，到公園、工廠、農村、郊外參觀、遊戲等等，教寶寶一些自然、社會和生活的知識，讓寶寶逐步瞭解世界、學會熱愛生活。有條件的家庭，可以種點植物，養一些金魚、小烏龜，培養寶寶的觀察力、想像力和語言表達能力。

寶寶平時說話時如出現語言錯誤，父母應隨時糾正，要盡量避免寶寶老說半句話，或用表情代替說話，但父母要注意態度平和，以免給寶寶造成心理壓力。

經過這樣的前期準備，相信寶寶肯定能夠適應小學的語言學習，並對學習產生濃厚的興趣。

第二篇
對寶寶進行早期語言教育全攻略

第一章 挖掘寶寶的語言天才思維

第一節 培養寶寶的語言能力

嬰幼兒時期（0～6歲）是寶寶語言發展的敏感期。在這一時期，如果寶寶處在良好的語言環境中，便可事半功倍地掌握某種語言。但語言的敏感期具有階段性和特定性，一旦錯過便無法彌補，所以一定要把握時機好好利用這一學習語言的黃金時期。

語言學習的好壞將會影響寶寶的一生。那麼，父母如何引領幼兒進入語言的世界？毫無疑問，以輕鬆的心情、遊戲的方式帶領寶寶學習，應該是最自然而有效的。對寶寶說話，跟他一起玩耍，一起閱讀，表現出父母對他的愛，這對於他的學習與成長是很有幫助的。我們並不是要創造出一個「天才寶寶」，也無意於將父母變成一位正式的老師，而是要幫助我們的寶寶發揮出他最大的潛能。

大多數寶寶對外界充滿好奇心，喜歡變換有興趣的事物，在日常生活中，一點一滴擴增寶寶的字彙與常識，累積的效果是很大的。而在越來越國際化的社會裡，英語能力也就越顯重要，雙語教學成為未來教育的趨勢。但如果在學齡時沒有選擇適當的方式增加小朋友的語

言能力，甚至會扼殺了寶寶學習語言的興趣，日後便很難糾正學習心態的偏差。如今市面上有各式各樣的寶寶語言書，比如：作文指南、成語大全、實用英語……等等，這些書我們成人讀起來尚且覺得味同嚼蠟，更何況是活蹦亂跳的寶寶？但是我們也應該明白語言的學習是多麼的重要，它是一切學問的基礎，也是寶寶日後培養溝通能力的必要條件，不能不謹慎呀！

寶寶除了要擁有實用、漂亮、有趣的好書，更需要父母陪伴著學習，只有這樣才能讓寶寶在學習語言時能夠順利的起步，真心喜歡語言學習，為以後學習更多層面的知識打下良好的基礎。

第二節 寶寶學習語言的關鍵期

　　我們知道寶寶學習第一語言非常容易，而大人則比較困難。在幼兒的發展過程中，有一系列的關鍵發展期或敏感階段，又稱為學習關鍵期。就像種植物，種子發芽時要有適當的溫度、充足的陽光和水分一樣，錯過這個播種期，你給它再多的陽光、水分，植物即使發了芽也很難茁壯成長。

　　寶寶從出生到掌握語言，一般需要3～4年的時間，而語言發育的關鍵期是2～4歲。科學研究顯示，一旦錯過了關鍵期，就會成為心理上的某種缺陷，帶來無法挽回的後果。著名的「印度狼孩」就是這樣。雖然科學家花了很大工夫去恢復其語言和人性，但仍然收效甚微。所以，父母要抓住和把握寶寶學習語言的關鍵期去培養寶寶的語言能力，發展寶寶的智力。

　　近年來，大量的研究成果顯示：寶寶的語言能力發展在很大程度上依賴於家庭環境。家庭成員的語言水準、文化修養、家庭藏書情況、父母對寶寶教育的興趣等等，都對寶寶的語言能力發展有很大的影響。

　　家庭成員如果說話粗俗、辭彙貧乏，必然會從負面影響寶寶。特別是和寶寶接觸最多的父母，一定要注意提高文化素養，注意語言修

辭，使自己的每一句話都能成為寶寶模仿的典型。父母一定要注意為寶寶創造一個講國語的環境，用規範化的語言來教寶寶。父母說話時自己

要發音正確，注意辭彙豐富，語言精練通達，符合語法規範，重視用標準的語言訓練寶寶，加快寶寶學習語言的進程。

和寶寶說話是培養寶寶語言能力的重要手段。父母與寶寶說話時，要特別注意講究說話的藝術，為寶寶語言能力的發展提供條件。和寶寶說話要比較慢，口齒清楚，聲調溫和親切。不可用嚴厲的聲調對寶寶說話，也不要恐嚇寶寶，說些寶寶妒忌的話或者在寶寶面前講他人的壞話。父母對寶寶說話，要多用積極鼓勵性的語言，少用消極的、禁止性語言；多用提問的方式跟寶寶說話，少用命令的方式叫寶寶去做事。語言對寶寶的行為有強化作用，對好的行為，父母要多講、多鼓勵。凡是不好的行為，要盡量避免去強化它，最好是少議論，或是從其他角度，從積極方面去和寶寶進行溝通。

此外，父母還要注意防止寶寶口吃。寶寶在2、3歲時往往容易發

生口吃，此時父母千萬不要譏笑寶寶說話，或讓他與很善辯的寶寶在一起議論問題，或是與寶寶搶著說話，使他想說話卻因沒有機會而心急，這時最容易因為說話結巴而造成口吃。父母還要防止寶寶因出於好奇而去模仿口吃的大人說話。發現寶寶口吃時，切忌厲聲責備，否則寶寶受到刺激後就會更加著急，一著急就會張不開口，說起話來又會結結巴巴。所以，父母應該鼓勵寶寶慢慢講，把話說清楚，或者是換一句話，改變他的語言習慣，引導他動腦筋去想，等想好了再說。也可加強對寶寶的口語訓練，比如，教寶寶唱歌、講故事等，採取多種方式訓練寶寶的語言能力。

第三節 對寶寶進行語言教育的激勵方法

幼兒時期（尤其是2～4歲）是寶寶一生中語言可塑性最大的時期，語言教育非常重要。但是語言教育必須符合寶寶的年齡特點，否則就會使寶寶的語言學習陷入一片混亂。那麼，父母應該怎樣針對寶寶的年齡特點進行適合的語言教育呢？

關鍵期階段寶寶的語言教育主要是在日常生活和遊戲中進行的，語言教育的重點是：訓練寶寶的聽力，良好的聽力與良好的聽覺習慣是幼兒語言發展的重要條件，訓練的方法必須靈活多樣。父母可以有意識的製造一些聲音，比如：開門、關門或有東西掉在地上時讓寶寶指出聽到了什麼聲音；可以用錄音筆錄下日常生活中的一些聲音，比如：汽車聲、水聲、撕紙聲、切菜聲或某個熟悉人的說話聲等，並讓寶寶分辨這些聲音；也可以讓寶寶邊聽音樂邊拍手，音樂聲音大時用力拍、聲音小時則輕拍，這樣既可以訓練寶寶對音量的變化的掌握，也可以訓練寶寶對音樂的興趣。

寶寶3.5歲至4歲左右，大腦的發育已經達到憑自己的判斷懂得言語中的「你行」是指「你真的很棒」的意思。接著，過了4.5歲以後，隨著領悟能力的進一步加強，這時，「你行」這句話就完全能了解了。雖然寶寶的認知是模糊的，但是，他已經開始懂得父母對自己的

認可了。

　　沒有一個寶寶不需要認可，沒有一個寶寶天生就喜歡挨罵。「你行」這句話為什麼這麼靈？因為它滿足了寶寶無形生命最大的需求——「我行」！寶寶在父母的激勵下，他的潛能就會源源不斷的被開發出來。

　　「說你行，你就行，不行也行！說你不行，你就不行，行也不行！」這恰恰是父母對寶寶教育的過程中最重要的教育規律。所以，父母的教育言行要多一些正面話，少一些負面話，這對寶寶的順利成長將具有舉足輕重的作用。

第四節 開發寶寶的語言智力

如何開發寶寶的語言智力呢？根據寶寶學習語言的特點和規律，心理、教育學家們有以下建議：

（1）保持寶寶對語言的好奇

語言智力高的人有一個突出特徵：對語言的好奇心，他們喜歡語言，表現出極好的語感和對語言的鑑賞力。而事實上，出生幾個月的嬰兒就對話音刺激十分敏感，當父母對他說話時，會以微笑、手腳活動等做出積極的反應。語言智力高的寶寶表現出對話音、節奏、語調反應靈敏；愛塗鴉，喜歡聽、讀、說故事；說話清晰有條理。父母若對這些語言智力素質給予極大關注和引導，便能使寶寶保持對語言的好奇和敏感。

（2）語言智力開發越早越好

一個出生時只會啼哭的新生兒，為什麼在短短的兩、三年內學會了母語，掌握了結構如此複雜而嚴密的語言？可見語言做為一種智力與潛能，越早開發越好。胎教工作者甚至主張在懷孕5個月聽覺出現時就與胎兒說話，呼喚他的名字。而早期教育工作者則建議從嬰兒出生第一天起，就將語言交流融合於生活照料中，這有極重要的潛在作用，與3～5個月的嬰兒「交談」時讓他會做出嘴部活動及出聲反應。

8～9個月開始牙牙學語時，父母一定要做出積極的反應，用語言與寶寶進行交流，以滿足他的需要。 1歲時，要不斷鼓勵他說出單字、電報式語詞，並逐漸鼓勵寶寶說出單詞句、雙詞句直到完整語句。寶寶在嬰兒期是口語發展的關鍵期，從單詞句（15～20個月）到雙詞句（18～24個月）到簡單句及語法掌握（2～3歲）的語言發展過程，一刻也離不開父母的引導，因為在沒有語言聲音的環境裡絕不可能發展語言智力。

（3）創設發展語言智力的環境

寶寶的語言環境是父母與寶寶共同構成的相互交流的情境，父母對寶寶語言智力發展的關注和寶寶在嬰幼兒時期自身言語活動的自發傾向，共同創造了一個動態的、寶寶自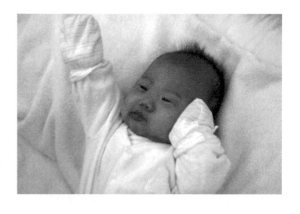己也參與其中的語言環境。理想家庭語言環境包括以下幾點：

1.擺放寶寶感興趣的玩具、物品和資料，讓他們邊探索邊學習說出它們的名稱和功能；

2.帶寶寶走出家門去商店、動物園、公園，從多種場合觀察、體驗、豐富和充實其經驗，增加學習和表達的願望；

3.鼓勵寶寶與人交往，因爲語言智力發展是一種不可抑制的人類特性。當幼兒想表達時，消極辭彙變成積極辭彙，由聽到說才成爲可能；

讓寶寶聽寶寶廣播、看寶寶電視，形成親子共讀的圖書環境，可使他們在學習、欣賞文學語言的同時，激發表達自己的願望，發展其語言智力。語言的發生和發展是人腦的高級功能。除了正常的語言環境，還需有正常發育的大腦來發揮其語言智力的功能。因此，使大腦細胞得到科學的營養，對語言智力發展有重要的意義。

第五節 1歲以內寶寶的語言能力訓練方法

寶寶出生後發出的第一個聲音，便是「哭」；到3、4個月大時，開始會發出「咿咿啊啊」等單音；到了8個月大後就開始喃喃自語，甚至可以發出一些單字了。那麼，在這個階段中，父母怎樣和寶寶進行交流呢？下面幾點是有經驗的「爸爸媽媽」們曾經使用過而且效果非常不錯的訓練寶寶語言能力的方法。

（1）注視寶寶的眼睛和寶寶說話

父母和寶寶溝通的第一階段就是「眼光交流」，寶寶們一般透過看見爸爸媽媽的說話與表情來奠定對「說話方式」的認識。

（2）與寶寶接觸的任何時候都要與寶寶說話

每一次的聲音交流都會讓寶寶的聽覺變敏銳，不管是換尿布、餵奶或洗澡時，都要隨時隨地保持與寶寶說話的習慣。

（3）回應寶寶的牙牙自語

只要爸爸媽媽經常回應，寶寶也會開始學著表現自己的感覺，而且情緒也會更明顯易懂，在與寶寶應答時最好邊說邊撫摸寶寶，這樣更能強化親子的交流。

（4）從日常生活的聲音中學習

不需要太過安靜，生活中出現的吸塵器的聲音、水龍頭的流水聲、洗碗和洗衣的聲音等，都可以讓寶寶有更加廣泛的感受和接觸一些生活中的學識，邊做家事邊和寶寶說話，也是一種良好的親子互動方式。

（5）練習以身體律動來控制發聲

即使簡單地發出「咿啊」的聲音，寶寶也得用盡全身的力氣來發聲，可以訓練寶寶配合身體的動作發短音或長音，也可用拍手搖擺的方式讓寶寶瞭解發音的不同。

（6）鼓勵寶寶表現自己

跟寶寶玩手帕遊戲或鼓勵寶寶把兩手伸直說「抱抱」，或找玩具等，讓寶寶表現自己，這對於日後勇於自我表達的說話能力有很大的幫助。

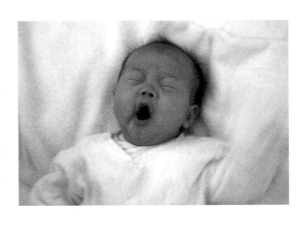

（7）與爸爸媽媽「視線一致」的體驗

　　寶寶總是好奇爸爸媽媽在做什麼、說什麼，因此，不妨讓寶寶跟爸爸媽媽往同樣的方向去尋找目標，讓寶寶自己親眼、親耳確認爸爸媽媽口中說的與看到的是相同的事物，可訓練寶寶的辨識聯想能力。

（8）善用寶寶喜歡模仿的特性

　　寶寶通常喜歡模仿大人做動作，最簡單的就是揮揮手說「再見」等，利用這種愛模仿的特性，趁機教寶寶各種配合手勢的單字，並反覆的練習，這樣寶寶馬上就可以記住了。

第六節 1～2歲寶寶的語言能力訓練方法

　　這時期的寶寶多半已經會走路，相對也更加瞭解父母所說的意思，而且已經會說比較多的單字。從這個時期起，如果父母和寶寶的交流對話豐富而頻繁的話，寶寶學會說話的時間將會更快。下面是父母與寶寶交流時應該掌握的幾種方法：

（1）練習發音

　　把單字發音時正確的嘴型做給寶寶看，反覆幾次以後，寶寶也就會試著發出正確的聲音了。

（2）配合肢體語言來說話

　　與寶寶說話時，配合肢體語言以輔助引導寶寶，如用手指或身體的其他部位，配合說話，或者邊做「坐、跑、站、跳」等動作，邊說這些單字，不但增加趣味感，也讓寶寶更容易記憶。

（3）以句子的形態和寶寶說話

　　1歲以前教的「花」、「水」等單字，從現在起就要開始對寶寶說長一點的句子了，如「好漂亮的花」、「我想要喝水」等，在寶寶已經弄懂的單字的基礎上再加入新單字來延伸連結出句子，讓寶寶練習眞正的說話方式。

（4）有耐性的等待寶寶的反應

這階段的寶寶對大人的話似懂非懂，自己已經弄清楚的單字語言也非常有限，但偏偏又有非常強烈的表達欲望，這時父母就必須很有耐性等寶寶慢慢地說、讓他把話講得明白，降低寶寶的挫折感，才能讓他的語言能力迅速的得以提高。

（5）經常帶寶寶外出觀察

帶寶寶去公園散步或坐車等，並配合教寶寶說相關的字句，也許寶寶無法一時間馬上記住，但讓寶寶接觸更寬廣的視野，將為他今後語言表達能力的提高奠定良好的基礎。

第七節 2～3歲寶寶的語言能力訓練方法

2～3歲的寶寶已經懂得比較多的單字了，但還是無法用完整的句子來表達自己的思想，這個時候的寶寶說話時，總是反覆說著「那個」、「不是」等字句，這時爸爸媽媽就可以用敘述及形容的句子來教寶寶說話了，而且是必須要這麼做的。

（1）描述式的說話法

如果媽媽要回答寶寶的說話，應盡量使用連結性的句子，當寶寶說「那個、那個」時，即使媽媽知道「那個」是什麼，也必須回答「是這個餅乾嗎？」或「是放在桌上的玩具嗎？」務必引導寶寶再回答出「對，是那個餅乾」等句型。媽媽此時的任務在於訓練寶寶開口說話，而不是拿「那個」餅乾讓寶寶閉嘴。

（2）說較長的句子時要段落分明

當媽媽說較長的句子時，得注視寶寶的反應，配合明顯的肢體動作，段落清楚地說給寶寶聽，來訓練寶寶的「聽話」能力。

（3）練習讓別人瞭解寶寶的表達意思

常常遇到一些情況，寶寶說的話只有身邊的媽媽才聽得懂，而別人要瞭解寶寶說話的意思還得先透過媽咪的「翻譯」。這種情況是應

該盡量避免的，因為在寶寶的成長過程中，不可能只跟父母交流。所以必須訓練寶寶跟別人交流的信心。父母在日常生活中，應該多訓練寶寶發出正確的音和正確的單字或句子，而不僅僅是母子倆才知道的幼兒式語言。

（4）給寶寶獎勵

當寶寶能夠說出較長的句子，或者說出新學會的單字時，父母一定不要忘了馬上給寶寶一個擁抱並稱讚他，然後再附和地說一次，寶寶就會清楚的知道自己表達的正確，而更有興趣說話了。

（5）把寶寶說的話畫成圖貼起來

將寶寶說出的句子或內容，用簡單的圖畫表現出來，如「今天跟媽媽去散步」便以此為內容畫出來，可以增強寶寶的聯想能力和記憶能力。

第八節　針對剛出生小寶寶的語言遊戲

　　雖然剛出生的小寶寶還不會說話，好像什麼都不懂，但父母一定要把他當作一個小學生，每天和他說說話。和寶寶做些簡單的語言遊戲可促進父母與寶寶之間的交流。

　　20天：對寶寶說話。寶寶清醒時，媽媽可以用緩慢、柔和的語調對他說話，如：「寶寶，我是媽媽，媽媽喜歡你，你是個乖寶寶。」也可以給寶寶朗讀簡短的兒歌，哼唱歌曲。這種做法可在寶寶出生後20天開始，這樣可以給寶寶聽覺上的刺激，有助於寶寶日後早日開口說話，並促進親子間的情感交流。另外，對寶寶說話時要盡量使用國語。

　　2個月：盡量與寶寶說話、唱歌、逗樂，培養良好的母子感情。讓寶寶每次醒過來的時候都處在快樂之中；從不同方位用不同聲音訓練寶寶的聽覺。

　　3個月：和寶寶對話。3個月的寶寶會「咯咯」地發出笑聲，高興的時候還能咿咿呀呀地講話，這時父母要以同樣的聲音應答，和他對話，使其情緒得以充分激發。訓練寶寶發音，促進親子間的感情交流。

　　3～6個月：叫寶寶名字。用相同的語調叫寶寶的名字和其他人

的名字，當叫到他的名字時，要注意觀察寶寶是否能回過頭來，如果能說明寶寶已經領會了，父母一定要說：「對了，你就是寶寶，真聰明。」之類的話。如果寶寶對叫聲沒有反應，要耐心反覆告訴他：「你是寶寶（或他的名字），我是媽媽。」訓練寶寶對特定語言的反應，讓寶寶知道自己是誰。但如果寶寶情緒不好時，最好不要進行這個遊戲。

4～9個月：給寶寶講故事。父母可以給寶寶買一些構圖簡單、色彩鮮豔、故事情節單一、內容有趣的畫冊。在寶寶清醒時，一邊翻看，一邊指點畫面上的圖像，一邊用清晰而緩慢的語言給他講故事，對同一個故事，可反覆講。給寶寶講故事是促進寶寶語言發展與智力開發的好辦法，無論寶寶是否能夠聽懂，父母應該一有時間就給寶寶講故事。故事的情節要簡單，以只出現一、兩個動物或人物為好。

5～11個月：教寶寶學叫人。當和寶寶一起玩時，爸爸媽媽要一遍遍地教寶寶叫「爸爸」、「媽媽」。當寶寶終於叫出時，要親親他以示鼓勵。以後再教寶寶叫「叔叔」、「阿姨」等。值得注意的是，父母的聲音一定要清晰緩慢。

6～12個月：變化聲音的調。對寶寶說：「小狗『汪汪』叫、小貓『喵喵』叫、老牛『哞哞』叫。」但父母一定要注意動物的叫聲

有所變化，比如小貓叫聲很輕，老牛叫聲很粗。然後，問寶寶：小狗怎樣叫？小貓怎樣叫？老牛怎樣叫？如果寶寶不會說可先教他，讓他模仿。使寶寶學習變化聲調的聲音，要從高音變為低音，從粗音調變為柔和調，以訓練寶寶更為豐富的語言。如果寶寶發出的聲調不正確時，爸爸媽媽可以發出正確的聲調給寶寶聽，讓寶寶再次模仿，直到能夠正確發出聲調為止。

7～15個月：打電話。為寶寶準備一個玩具電話，在家裡和寶寶練習。如父母可拿著話筒說：「你是寶寶（或寶寶名字）嗎？你在做什麼？」等等。父母對寶寶說話時一定要簡單明瞭，結合他所熟悉的事情來說，而且一定要耐心聽他講話，並要鼓勵他多說。

第九節 訓練寶寶的口語表達能力

當寶寶尚未建立真正的口語表達能力時，他們多以非口語的方式來與別人進行交流，如用「拉人」、「手指」來表示他們要什麼。這個時期父母可以多訓練寶寶「聽聲音、分辨聲音、瞭解聲音」的聽覺理解能力，如以手勢、動作、聲音的溝通互動行為為基礎，鼓勵寶寶模仿聲音或辭彙。誘發寶寶的聽覺機警度，讓寶寶學習尋找聲源，如使用鬧鐘、音樂鈴，讓寶寶去找或掀開。父母應該多訓練寶寶認識生活中的一些事物，如：有門鈴聲，父母就指向門口；電話響時，父母就拿起電話讓寶寶知道；利用進食的機會建立寶寶食用固體食物的能力，來建立口腔動作的協調性；給寶寶模仿的機會，讓他模仿電話、模仿按電視開關、模仿收東西，進而讓他模仿發聲，如玩槍時，父母就加上「砰砰砰」，敲門時，加上「咚咚咚」。

當寶寶開始說出第一個有意義的語詞時，說明寶寶已經進入「口語發展期」。只是在初期階段，他們只能用有限的辭彙參雜著一些聲音進行和父母溝通，但隨著辭彙量的逐漸增加，寶寶非口語溝通方式就會漸漸減少，而以口語來取代。

寶寶的口語發展期，父母可根據寶寶的語言能力把這個時期分成不同階段，每一個階段父母可用不同的方式來加以引導，以促進寶寶的口語能力的進一步發展。一般來說，寶寶的口語發展期主要有以下

兩個階段：

（1）辭彙期

　　這個時期的寶寶多以有限的辭彙夾雜動作、聲音、手勢與父母進行溝通。此時父母可以採取下面的這些訓練方法：

　　1.讓寶寶聽得懂更多的辭彙量：寶寶如果已經可以聽懂「車、狗、蘋果、媽媽」，父母可以漸漸增加「電話、湯匙、香蕉、爺爺、奶奶」等常見人或事物的名稱，來增加寶寶所能理解的量。

　　2.訓練寶寶對物品功能的理解：若寶寶已經可以理解上述事物的名稱，就可以再增加對物品功能的理解能力，如：茶杯可以喝水、喝果汁；車子會鳴喇叭、會跑、可以坐著出去玩。

　　3.鼓勵寶寶多開口：當寶寶可以說「要、不要」時，父母可以適時問他「要不要喝牛奶」、「要不要玩積木」，同時別忘了，當你拿牛奶或積木給他時，就要再對他說出東西的名稱。

　　4.讓寶寶從遊戲中學習：在與寶寶遊戲或互動中，建立寶寶對物品概念的認識和理解，充實寶寶未來說話的內容，例如：利用圖卡或玩具，引導寶寶將東西拿過來給爸爸媽媽，如「拿湯給媽媽」、「拿湯匙給媽媽」、「拿小狗給我」等等。

（2）簡單句時期

這個時期的寶寶能說一些簡單語詞，而且會將它們組成一些他想要表達的句子。這時父母就可以對寶寶進行下面的這些訓練：

1.讓寶寶指認或說出物品名稱及功能：父母可以準備數種實物或圖卡，讓寶寶指認其名稱或功能，來增加寶寶的理解能力。

2.增加物品功能描述：比如教寶寶說「喝水用的杯子、穿在腳上的鞋子、裝東西的皮包」，等寶寶熟悉後，可以嘗試說「拿喝水的東西給媽媽、什麼東西穿在腳上」。

3.兩個引導的遊戲：父母可以用寶寶聽得懂的辭彙，組合起來讓寶寶去做，如「拿鞋子和襪子來、拿杯子和吸管來」。

4.訓練寶寶開口說話：當寶寶會跟著父母說「車子」時，父母便可反過來再問寶寶「這是什麼？」建立寶寶自發性的語言能力。

5.短句的拓展：寶寶會說「開開」時，父母就接著說「把門打開」；寶寶說「杯杯」時，父母就接著說「喝水用的杯子」，利用此方法，即可慢慢建立寶寶說短句的能力。

第十節 訓練寶寶的記憶力

每個寶寶天生都帶有記憶力，但寶寶這種最初的記憶力是無意識的，可以說他們記得快，忘得也快。對此，父母可以透過一些特殊的訓練方式使寶寶的記憶力得到迅速的增強，並以此來激發寶寶對學習的興趣。

（1）講故事可幫助寶寶記憶辭彙

把內容用一些恰當的關聯語詞或連接詞句串連起來，形成一個完整的故事。這樣寶寶聽起來就會生動有趣，易於理解記憶。這種方法適合教寶寶學詩歌。

（2）畫出形象、直觀的圖片可激發寶寶的學習興趣

畫出相對圖畫，製作活動的圖片，讓寶寶結合圖片或幻燈片學習。這種方法具有直觀性和吸引力，能激發幼兒的學習興趣。其方法是：父母用簡潔洗練的筆法，簡略概括物體的造型，邊畫邊講內容。如教「太陽」一詞時，父母就可以先畫一個瞇瞇笑的太陽，這樣形象直觀，有利於寶寶理解內容，增強其記憶。

（3）利用提問的方法激發寶寶的求知欲和促進寶寶的智力發展

如教寶寶寫「小白兔」時，父母可向寶寶提出這樣幾個問題：小

白兔的毛是什麼顏色？有兩隻什麼樣的耳朵？愛吃什麼？走路是什麼樣子？讓寶寶回答，寶寶的注意力就會容易集中，也記得比較牢。

（4）讓寶寶在聽聽、說說、猜猜中學習語言

如爸爸媽媽先說出謎面，讓寶寶答出謎底，這樣父母和寶寶在遊戲式的一問一答中，自然地進行學習，既讓寶寶理解其內容，又能啓發寶寶的思維和想像力。

（5）編動作可幫助寶寶理解一些比較抽象的東西

根據學習的具體內容，編一些簡單、形象、有趣的動作，幫助寶寶理解，透過動作表演，增強寶寶記憶。如教兒歌《別說我小》，其中「我會做什麼」的句子不易掌握，可讓幼兒表演穿衣、洗腳、擦桌、掃地、澆花等各種模仿動作，邊做動作邊學兒歌。這是比較符合寶寶好動的特點的。

（6）讓寶寶在「演戲」中學習

根據所教內容，創設具體形象的情境，讓寶寶身心居於其中。如教《客人來了》，可先略佈置場地，父母和寶寶分別扮演主人和客人，進行情境表演、對話，讓寶寶在觀賞中學習。

（7）提供給寶寶可操作的資料

　　父母應和寶寶一起，根據寶寶要學習的內容將一些資料進行擺一擺、拼一拼。如教《三隻蝴蝶》時，先給寶寶紅、黃、白三種顏色的紙，讓寶寶折疊蝴蝶和花朵，然後和寶寶一起邊複述故事邊操作。這樣寶寶在遊戲中就可以快樂的學習，在玩樂中就可以記住很多的東西。

　　總之，在教育寶寶的過程中，要充分利用各種感官，包括腦、眼、耳、手、口並用，使寶寶透過視覺器官、聽覺器官、言語器官的相互聯合，掌握運用語言交際的基本能力，讓寶寶在想想、看看、聽聽、摸摸、說說中學會運用豐富的語言表達能力。

第十一節 使寶寶的理解力和表達力結合起來

我們一般把語言分為口語和書面語言。寶寶首先發展起來的是口語，對母語的學習是透過對口語的理解和表達奠定基礎。所以寶寶在幼兒時期的語言學習應該主要以口語為主。如今，隨著科學技術的進步，社會對寶寶語言的理解還存在一種中間狀態的語言，那就是視聽讀物。寶寶首先發展起來的是口語，對母語的學習是透過對口語的理解和表達能力的基礎之上的。所以寶寶在幼兒時期語言學習應該主要以口語為主。

無論是口語還是書面語言，理解能力和表達能力是學習的核心。寶寶在不會說話前，就已經有很強的語言理解能力，對10個月大的寶寶說「杯子」，他就會用手指著杯子；對剛會走路的寶寶說「把小狗拿來」，他就搖搖擺擺的去拿玩具狗，如果爸爸媽媽說「吃飯了」，寶寶就會去拖凳子。剛開始說話的寶寶講單詞句、1歲半到2歲之間講雙詞句，2歲到2.5歲之間主要講「電報句」，逐步到6歲左右，寶寶就會講各種複句，此時寶寶對語法、句法、語意的理解已經達到比較成熟的水準了。但寶寶的語言表達能力差異非常大，有的寶寶到入學年齡，語言的邏輯關係還搞不清，對簡單的語言資料的組織還不好，表達能力仍然有限。

　　口語是書面語言的基礎，所以我們不提倡寶寶在還不會說話時就識字，或寶寶在口語形成時期就學習書面語言。心理學家經過研究發現：寶寶語言心理的發展和寶寶認知發展的階段性很強，哪些先出現，哪些後出現，是有很強的規律性的。寶寶什麼時候能說主、述、受結構的句子；形容詞一般在什麼時候開始；被動句的理解和表達在什麼時候能夠掌握；寶寶對大人語言中不同複雜程度邏輯關係的理解和表達都有哪些。所有的這些都是有很強的規律。如果寶寶達不到相對的階段，而父母硬要對寶寶進行超前培養是不可能有任何作用的，弄不好就會讓寶寶對學習產生厭惡的情結。比如，一歲剛過的寶寶不可能能理解那麼多的故事情節，父母就不要對寶寶講那些複雜的邏輯關係。所以培養寶寶對語言的理解能力要根據寶寶對語言的認知和發展水準來制訂切實可行的計畫。

　　語言的理解能力和表達能力是最重要的，如果一個寶寶在入學前，對故事中一些複雜的情節、隱喻的情節、複雜的邏輯關係都能理解，那就說明寶寶的語言理解能力很強。如今，每個家庭都有電視，父母如果要衡量寶寶在5、6歲之間的語言理解能力，就有很多簡單的方式。比如，有的寶寶喜歡看大人的電視和電影。這就說明這個寶寶的語言理解能力很強，因為他能夠看懂故事中的一些情節，如果看不

懂，他就不可能看得下去。這樣的寶寶在學習書面語言時也就會相對快一些。

　　寶寶語言表達能力的提高是建立在語言理解能力的基礎之上的。一定要有很好的理解能力，才能談得上很好的表達能力。但是理解力好的寶寶，是不是也有很強的表達能力？當然不是，有的寶寶理解力很好，但表達能力卻非常的一般。因為寶寶的語言表達能力也需要父母對寶寶進行訓練。

第十二節 自測寶寶對語言的感悟能力

　　沒有一對父母不希望自己的寶寶能夠擁有較強的語言表達能力，但對於漸漸長大的寶寶，父母們是否已經心中有數了呢？下面的這張表是教育專家們根據寶寶成長的規律，經過無數次實驗總結出的寶寶在各個階段應達到的語言能力，父母們可以參考一下：

年　　齡	語言能力發展
1 歲 ～ 1 歲 半	1.能夠理解簡單的句子，如「好了嗎？」、「沒有了嗎？」等等。 2.能夠開口說簡單的話，如爸爸、媽媽、再見等等。
2 歲	1.能夠認識並且指出兩種以上的顏色。 2.能夠認識並指出物品和身體部位等。 3.能夠說動、受結構的、由三個字組成的句子，如「在哪裡」、「在這裡」、「在那裡」等等。
3 歲	1.能夠理解性別（這點根據不同的寶寶略有不同）。 2.能夠使用表達時間的詞，如過去、現在和將來等。 3.能夠說出自己的姓名。 4.能夠講述簡單的經歷。
3 歲 半	掌握了一定的連接詞和關係詞，能夠使用「而且」、「因為」和「所以」等。
4 歲	1.能夠理解各種方位，如上、下、前、後、左、右等。 2.能夠認識抽象名詞的概念，如動物、水果等簡單抽象名詞，並能夠進行歸類。 3.基本能夠發出母語中所有的音。 4.能夠模仿句子，並且能夠說出較長的句子。

4 歲 半	能夠認識名字和名稱。	
5 歲	1.能夠理解反義詞,如冷和熱等。 2.能夠比較自主地表達自己想好了的事情,自如地表達自己的想法。 3.會朗讀句子。	
6 歲	1.知道自己的生日。 2.能夠閱讀兒童書。 3.會打電話。 4.會使用問候語。 5.掌握實用對話,而且與大人的用語接近。 6.如果對聽到的資訊感覺有疑問,便會主動提問。 7.具備能夠用完整的疑問句提問的能力,比如「我為什麼要去奶奶家?」等。	
6 歲 半	能夠講一個完整的故事。	
7 歲	說話、講故事等不再依賴圖畫書。	

第二章 教寶寶學說話是語言 天才思維的啓動

第一節 說話是智力發展最重要的部分

學習說話應該是寶寶智力發展中最重要的部分，它是從出生時母嬰之間的「對話」開始的。樂於聆聽寶寶講話並對他們做出反應的父母，對寶寶語言的迅速發展將有很大的益處。智力方面的這種教養越好，嬰兒在智力的發展上所受到正面的影響就會越大。其實，寶寶們天生就有掌握語言的能力，使他們學習起來很快。到4歲時，寶寶在語言上已經達到相當流利的水準，而且還可以幫助較小的寶寶學習講話，甚至能簡化語言，以便更好理解。

爲了幫助寶寶發展語言能力，父母有必要盡可能的多花費一些時間來與寶寶交談，而且在寶寶牙牙學語或第一次嘗試講話時仔細傾聽，並以寶寶能夠理解的方式做出回答。在做這些事的時候，用眼睛注視著寶寶再和他講話是非常重要的。

只有在寶寶有了說話的準備時，才可能提高他們的交談水準。父母們千萬不能強迫灌輸語言。因爲寶寶的智力還沒有達到相對的水準時，是不能接受這些資訊的。例如：2個月的寶寶能模仿並學會使用元

63

音節，但不能掌握輔音。再過幾個月後，寶寶就開始掌握輔音。寶寶學習語言的頭一年對以後的說話和思維能力起著關鍵的作用。如寶寶早期的牙牙學語中包含著他們今後將要使用的所有音節，例如：經常牙牙學語的寶寶常常會成為聰明的寶寶。另一方面，在我們預期之前就提前講話的嬰兒，未必就會成為表達更清晰或者更聰明的寶寶，這一點多少有一些會令人失望。這是因為那些早期的言語更有可能是模仿，而並非經過思考的話語。

聰明和不太聰明的寶寶在經歷上是有差異的，其中最引人注意的、可能也是給人印象最深的差別就是在家庭中交談數量的多與少。而這些不僅僅包括父母與嬰兒之間的談話，也包括家庭成員之間的交談。當然，除了交談數量外，交談的品質也包括在內。所有的寶寶都是在家庭背景的學習中使用語言來表達他的想法，同時在使用語言的過程中形成智力活動的方式。當家庭中的談話很少時，嬰兒在思維和概念上得到訓練與發展的機會也很少。

如果父母們能對寶寶說的話做一些簡單的紀錄，這種紀錄就會幫助父母們獲得寶寶講話情況的真實面貌。6個月左右，嬰兒開始發一些類似「r」和「p」的輔音，從那時起到1歲左右，寶寶在語言學習上的進展是相當快的。1歲時寶寶就可以掌握一些單字或片語，之後的進步就會相當的快了。

第二節 瞭解寶寶學說話的過程

　　寶寶是從他們每天所看到的東西，並且是能夠動的東西來進行命名並開始說話的。他們常常從食物和飲料開始，再到動物、衣服和玩具。現在，寶寶更可能先說「小汽車」，然後再說「房子」。14～20個月之間，父母仍然需要為寶寶命名各種物體的名稱。比如，父母用期待的語氣說「洋娃娃」時，寶寶可能就會試著重複它。但是父母應給寶寶保持一種「壓力」，即：在寶寶似乎掌握那個語詞後，就儘快測驗他，比如問寶寶：「這是什麼？」

　　每一個群體，甚至像家庭這樣的小群體都有自己的語言規則，寶寶當然也必須學會運用這些規則。一開始，寶寶學習周圍人們講話和一般的思維方式，之後當人們糾正他時，他就會在規則上下工夫。例如，成年人可能會說：「請你把這封信寄走好嗎？」但是講話者並非真的要求聽者回答這個問題，這句話在語法上似乎是提問題，但事實上這是一種要求，這是實際使用語言的方式。寶寶對成年人思維方式的敏感會幫助他學習語言的規則，這在今後的外語學習上也一樣的。

　　當寶寶在講話中出現了錯誤時，他們仍然會按規則進行。到5歲左右，寶寶已經對那些規則掌握得很好，講話時幾乎沒有一個錯誤。當然，寶寶在語言學習方面受到的訓練越多，他們在這方面的表現就越

好。

在每天的談話中,即使是和很小的寶寶交談,父母也可以運用語言來幫助寶寶擴充當時對某個話題的想法。

想要取得最大的學習成效,談話的主題必須有趣,而且只要寶寶表現出興趣,談話就應繼續進行下去。父母可以透過觀察寶寶注視某件東西的時間長短來判斷他的興趣所在,然後可以就此與他展開談論,即使寶寶還不能講話,但在講話前很長一段時間內寶寶已經能夠理解意義了。隨著年齡的增長,寶寶說話的時間會越來越長,越來越複雜。

與寶寶進行交談,不僅僅是與成年人談話的簡單翻版。父母不僅僅是在與寶寶進行交流,而且一直是在教育和訓練寶寶的說話能力。可以這麼認為,寶寶在語言上進步得越多,他進一步學習的範圍就會越大。

下面幾點是對訓練嬰幼兒講話方面的一些建議,希望父母們多加注意:

1.重複你說的話,但要注意寶寶的情

緒。

　2.隨時隨地講，但要注意用眼睛與寶寶對視。

　3.講話要大聲，但要注意聲音的柔和度。

　4.發音清晰，但不要太快。

　5.問簡單的問題，但要注意寶寶回答的品質。

　6.讓寶寶多接觸新鮮的事物，但不要給予太多的資訊拼命去教。

第三節　關注寶寶開始說話的最初階段

在寶寶開始要說話的最初階段，他的「談話」是含混不清的。如果父母從另一間房間叫寶寶，很難得到回應，這是因為寶寶在此時對語言的認識只是停留在面對面的交流上，寶寶並不認為父母從另外的一個地方叫他的名字是在和他交談。寶寶很主動的願意交談是表現得很興奮，如果他很安靜時，則顯示他不願意交談了。

開始時，父母千萬不要期望寶寶的發音完全正確。寶寶在開始學習說話的時候都是從單音節發音開始的，如伊、媽、阿、呀……儘管寶寶在這個階段不能完整的說話，但他基本上可以明白父母講話的大概意思。所以，我們在這裡簡單的介紹幾種培養寶寶語言能力的方法，以供父母們進行參考：

（1）和寶寶盡可能地多交談

抓住生活中的每一個細節和寶寶進行交談。比如父母在給寶寶穿衣服的時候，可以告訴寶寶父母在做什麼，讓他明白父母的這一動作。在交談中的關鍵是要讓寶寶知道父母是在和他講話，同時父母談話的內容要和寶寶的生活密切相關，最好是寶寶所熟悉的事與物。

（2）使用簡單詞句

在最開始的時候寶寶只能夠理解最簡單的語句，所以父母最初和

寶寶交談時應盡量使用較為簡單的語言，這樣寶寶才比較容易聽懂，並樂意和父母進行交談。

（3）使用名詞來定義日常生活中的事物

當父母對寶寶進行提問時，如果問「這張圖片上有什麼?」一定要好過於「這上面有什麼?」寶寶在開始說話的時候對於一些代名詞並不敏感，如「你」、「我」、「他」等這些代名詞對寶寶來說可能還是比較模糊，所以盡量使用名詞，這樣就可以更方便的讓寶寶正確認識很多事物的名稱。

（4）讓寶寶認識面前的事物

在看到事物的同時告訴寶寶這些事物的名稱，會更有利於寶寶記住這些事物。不要讓寶寶用回憶來記住事物，因為這個時候寶寶的思維還是比較簡單。

（5）看圖說話

在這個階段，寶寶很喜歡圖畫，所以利用這一特點來訓練寶寶看圖說話的能力應該是比較科學而且是非常有效的。但父母在選擇圖畫的時候，一定要選一些色彩比較鮮豔而且比較簡單的圖畫，這樣才比較容易引起寶寶的興趣。

（6）使用快樂的童聲來和寶寶交談

　　這種方法當然是非常容易了，因為每一個人在面對一個寶寶的時候，他們的聲音都會在有意無意中變得像寶寶一樣。另外，在交談中應盡量配合臉部表情的變化和手勢的變化，這種方法可以幫助寶寶更好地理解父母說話的意思。此外，在交談中一定要讓臉部表情顯得比較豐富和高興，因為寶寶會更加喜歡這種交談。

　　隨著寶寶的逐漸成長，父母要適應和寶寶談話與交流的方法：

　　在寶寶講話時要給予極大的關注。

　　培養寶寶對談話內容的理解能力。如寶寶在講：「這是小貓。」你可以問他：「小貓怎樣叫？」等。這種方法可以幫助寶寶擴大語言知識，提高語言運用能力。

　　附和模仿寶寶的說話內容，因為這樣可以提高寶寶說話的興趣。

　　問問題。寶寶開始說話了，這對父母來說應該是一個極佳的機會，因為父母可以更多的瞭解寶寶的內心世界了。

第四節 像玩遊戲一樣和寶寶談話

3個月大的寶寶會咯咯地發笑，高興的時候還會發出咿咿啊啊的聲音，好像在跟大人講話。這時爸爸媽媽如果同樣咿咿啊啊地去應答寶寶，和寶寶進行交流，就可以使寶寶的情緒得以充分地激發。這不僅是對寶寶最初的發音訓練，而且也是親子情感交流的最好方式。

下面我們就向你介紹兩種和寶寶談話的方法，而且非常的有趣，相信父母們和寶寶都會非常的喜歡：

（1）照鏡子

爸爸媽媽可以把寶寶抱到鏡子前，一邊對著鏡中的寶寶微笑，一邊用手指著說：「這是寶寶，這是爸爸（媽媽）。」然後拉著寶寶的小手去摸摸鏡子。

這樣一方面可以使寶寶萌發認識物體、尋找物體的意識，另一方面可以讓寶寶感受鏡子這種玻璃製品的質地，豐富感官和觸覺上的刺激。

但要注意，在寶寶情緒不好時，不要進行該遊戲。

（2）找聲源

在寶寶哭鬧的時候，父母可以搖一搖小鈴噹，捏一捏塑膠玩具，

或用小勺輕輕的敲著茶杯讓其發出聲響，看看寶寶是否能聽到聲音就停止哭鬧。然後，父母慢慢將這些發出聲響的玩具向不同的方向移動，訓練寶寶尋找聲源。這樣不但止住了寶寶的哭泣，還訓練了他的聽覺定向能力。父母可以用各種不同的發聲體，從不同的方向進行訓練。但聲響不要太大了，免得驚嚇到寶寶。在寶寶以後的成長過程中，父母應該一直堅持與寶寶進行交談，並積極應答寶寶發出的各種聲音。

第五節 1歲半至3歲是寶寶學說話的關鍵時期

　　寶寶心理學與生理學研究顯示，1歲半至3歲是寶寶言語發展最快的階段。這期間寶寶之間的個體差異也較明顯，他們已經能夠說一些多詞句的話語，學會使用各種基本類型的句子，說話時出現了複合句，喜歡交談，好發問，愛聽故事和兒歌，喜歡大人給他講兒童書，並能記住一些故事內容。對於這個時期的寶寶，父母應該因勢利導地進行言語方面的訓練。

（1）教寶寶複述言語和故事

　　先要求寶寶跟著自己說一句話。大人講一句，寶寶跟一句，要從簡單的規範短句教起。如「寶寶愛看書」、「我要上廁所」等，然後再教長一點的句子。要使用國語，發音咬字要清晰，力求說得準確。可以帶寶寶邊看兒童書邊講故事。

　　講完一個故事後，不要忘了一定要讓寶寶進行簡單地複述，寶寶開始講時肯定不完整，父母應立即幫他糾正。並答應寶寶，如果複述得好，爸爸媽媽明天再講一些更好聽的故事，以此來調動寶寶複述的積極性。

（2）教寶寶看圖說話

　　讓寶寶看著有圖畫的書，先向他提出問題，讓寶寶邊看圖邊跟父

母講，如「小山羊在做什麼？」、「小公雞在吃什麼？」然後要寶寶看著圖將畫面連貫起來講故事給父母聽。寶寶講得不完整也不要緊，父母要表現出聽講的興趣，講得好時，要即時鼓勵。這對寶寶大膽講話，講連貫完整的話將會有很大幫助。經過多次訓練後，寶寶就會講得越來越好。

（3）教寶寶背詩歌、唱兒歌

寶寶很喜歡押韻的兒歌和詩歌，即使不懂，也會非常樂意的大聲地讀、大聲地唱。父母可以教給寶寶一些兒歌，讓寶寶背出來。還可以教寶寶一些淺顯易記的古詩，如「春眠不覺曉」等等。這樣，既讓寶寶的言語得到發展，又讓寶寶學到了一定的知識。

（4）教寶寶認識玩具及家具名稱

家中及周圍環境中的一些物品名稱，也是教育寶寶練習言語的好工具。要即時教寶寶講出這些物品的名稱及用途，父母應不厭其煩地教，因為寶寶是不怕父母多說幾遍的。

第六節 父母應注意和寶寶說話的方式

2歲左右的寶寶，有的時候你會發現寶寶似乎聽不懂你的話，這是怎麼回事？讓我們先來看一看下面的這道測試題吧！

測試題——「拿拖鞋」：

首先，請你把鞋架上的鞋、衛浴間裡穿的鞋、臥室裡穿的鞋收整齊後放在它們原來的位置上。你下班了，覺得很累，坐在客廳沙發上休息、看電視或吃水果。接下來，你想去洗澡，想讓寶寶幫你去衛浴間裡拿你洗澡時穿的拖鞋，你會怎麼對寶寶說呢？

A.寶貝，拖鞋（用指令的方式），幫媽媽拿雙拖鞋！

B.寶貝，媽媽想去洗澡，幫媽媽拿雙拖鞋，好嗎？

C.寶貝，去那兒（手指向衛浴間方向），幫媽媽拿雙拖鞋，好嗎？

D.乖寶貝，你能幫媽媽一個忙嗎？（得到答覆後再繼續）媽媽想去洗澡，你幫媽媽去衛浴間裡拿那雙小狗的塑膠拖鞋，好嗎？

在平時生活中，你一般採用類似哪種形式的溝通方式？你的寶寶能理解你的意思，並完成你交給他的任務嗎？

你和寶寶說話的方式正確嗎？

如果你經常用A模式和寶寶說話：

你可能會發現，寶寶有的時候會不理會你，把你下的命令全當「耳邊風」。儘管你可能會重複而耐心地說幾次，但效果仍然不佳。你只好自己動手了。你可能會在合適的時候教育你的寶寶，「媽媽給你買好玩的玩具，給你買好吃的果凍，你幫媽媽拿雙拖鞋都不願意？！這可不是乖寶寶！」即便是有這樣的「事後總結教育」，效果又如何呢？當然只有你自己知道了。

這是什麼原因，是你的寶寶沒有愛心，還是聽不懂你的話呢？

其實，更多的原因不在寶寶身上，而在你的說話方式上。因為你的語言裡缺乏對寶寶的尊重和鼓勵，而你的「事後教育」裡又有太多的抱怨。寶寶是不能理解他有什麼「義務」的，他需要的是鼓勵和參與的興趣。

在這裡要提醒你的是，你可能在其他事情上也有同樣的情況，記得要嘗試經常去鼓勵寶寶！

1.如果你經常用B模式和寶寶說話：

你可能會發現，寶寶有時會出現執行的錯誤，他可能會給你拿來一雙其他的鞋，或是拿了臥室裡的軟拖鞋。然後你可能才會反覆強調：「媽媽要洗澡，你想想，應該去衛浴間裡拿洗澡穿的拖鞋啊！」

是**寶寶**聽力有問題聽不懂你的話嗎？

當然不是，而是你下的命令語意不清晰、語言資訊太少，寶寶一時不能判斷去拿什麼、去哪兒拿，所以出現了執行的錯誤。對3歲以下的寶寶來說，透過直接的口語去快速判斷後面隱藏的資訊是非常困難的。

同時也要提醒你，你平時和寶寶說話的方式語詞可能有些貧乏，給寶寶的語句太簡短。這樣下去，你寶寶以後的語言表達能力和寫作能力就會受到影響了！建議你要習慣使用長一些的複雜語句和寶寶說話，如果寶寶聽不明白，你可以重複幾次，但不要拆成短句或是辭彙來表達意思。

2.如果你經常使用C模式和寶寶說話：

雖然寶寶能很好地完成你的任務，但你可能會發現，寶寶平時和你說話的時候，也喜歡用大量的肢體動作來表達他的意思，而不是用語言來表達他的意思。有的時候表達不夠完整，或是父母不太理解他的意思，他就會非常著急，甚至出現語言結巴。

這是什麼問題呢？

這種現象是隱藏在許多家庭中的問題，是你把寶寶的言語理解能力弱化了，長期用肢體動作、眼神暗示等形式配合語言來表達意思，

寶寶也就養成了這樣的習慣。隨著寶寶的成長，所需要表達的意思會越來越複雜，這時這種類型的寶寶就會出現語言表達的障礙。

所以，針對2歲以上的寶寶，當你和他講話的時候，建議你盡可能減少肢體動作。

3.如果你經常使用D模式和寶寶說話：

你的寶寶不但很樂意接受你的任務，還會完成得比較好。因為在你的命令中，你不但首先尊重了寶寶的意願，然後用寶寶容易感興趣的話題（小狗），激發了寶寶參與的興趣。

同時你可能還會發現，寶寶的語言表達能力也比較強，甚至會使用比較長的句子來表達他的意思，他經常會使用一些你沒有教過他的辭彙來表達他的意思，儘管有的時候他表達得並不那麼貼切，甚至是風馬牛不相及。但沒有關係，你需要做的是耐心地傾聽，等把寶寶的意思聽明白以後，用更標準或更貼切的語言幫寶寶總結，這樣寶寶的語言能力就會得到更大地發展。

第七節 父母應言傳身教的教寶寶正確說話

在語言發展過程中，句子的理解先於句子的產生。2歲左右的寶寶已經進入口頭語言發展的敏感期，語言理解能力也發展到了長句理解階段。這個階段，你在和寶寶說話的時候要特別注意使用適合的表達方式促進寶寶各方面語言能力的發展。

（1）禁止用娃娃語，比如吃飯飯、喝水水等。

（2）不能把完整語句拆散成辭彙方式來表達。比如，「香蕉，蘋果，寶寶，吃這個，那個？」應直接使用規範的、完整的語句，比如「寶寶想吃香蕉還是蘋果？」如果你考慮到寶寶太小可能聽不懂長句，那你可以多重複幾遍，也可以使用略高於寶寶的理解能力的長句式，但不要拆句子。

（3）規範語言，不要模仿寶寶說話。寶寶的語言表達能力是有限的，比如他表達開燈的時候，可能會說「亮亮燈燈」，打電話可能會說成「叮叮話話」。這些不規範的語言形式是寶寶語言能力尚未成熟造成的。如果你在表達這些意思的時候也採用同樣的方式，就會造成不良的影響，這會讓寶寶以為他的表達是正確的。

（4）減少肢體言語表達形式，盡量使用口頭言語來表達。在寶寶難以理解的時候再適當地配合肢體動作。

（5）在和寶寶說話的時候語句要清晰、連貫、易懂，不要使用複雜的辭彙。用適合的方式和寶寶對話，寶寶會更理解你的意圖。

第八節 鼓勵寶寶提問題

　　隨著寶寶漸漸長大，就會開始提一些問題了，簡單的問題如：「那叫什麼？」或「我的玩具在哪？」這樣的問題還比較容易回答，但如果寶寶更多地問一些「為什麼」的話，有時就很難回答了，如：「為什麼月亮在天上？」、「為什麼太陽出來後會變得暖和？」等等。對於這些「為什麼」，你應該怎樣回答呢？

　　對於這樣的問題，身為父母，絕對不應以施恩或隨便的方式來回答。而應該對寶寶的「為什麼」有一種肯定的積極態度，多說一些：「這是一個多好的問題啊！」、「你怎麼會想出這個問題呢？我怎麼不知道呢？」、「你真棒！」等等。

　　因為父母只有將自己與寶寶處在一個平等的位置上，肯定和鼓勵寶寶，寶寶才能有一個健康的心智。那麼，父母應該如何做呢？

　　首先，父母對寶寶的努力要積極的給予表揚。不要太頻繁地給寶寶糾正語法，盡可能減少或避免「嬰兒式的談話」、反覆使用相同的「關鍵」詞、描述物質上存在的東西，使寶寶能夠透過各種感覺把得到的東西協調起來。盡可能使親子之間的對話讓寶寶感到生動有趣。幫助寶寶使用他已認識的詞，做出合適的回答，而不僅僅是簡單地說聲「噢」。

其次，父母應設法以一種那個年齡的寶寶所能接受的方式來回答他們所提出的「為什麼」的問題。因為這會幫助寶寶從自身狹小的世界裡走出來，思考外面的東西，進入更抽象的思維和推理的方式上來。因為寶寶的理解力是很有限的，他們非常需要資訊。

寶寶常常設法理解正在發生的事。當他們遇到對他們沒有意義的事情和談話時，父母應該讓寶寶感到他們能夠自由地提問。因為當寶寶想對他所看到的一切建構出一幅畫面時，就想提問，但寶寶往往會懷疑自己可能做不好，因而總是害怕受人奚落。寶寶的問題總是非常認真的，當他們發現提問是得到特別注意的好方法時，有時就會變得無法控制。

寶寶在提問的時候，通常會存在一個問題，就是他們不能很清晰地表達自己的想法，可能會問一些容易引起誤解的問題，尤其是在父母不能仔細聽他們講的時候。比如，寶寶會認為電視中的人物是「有人躲在電視機的後面」，或者他們不能理解成年人的一些社會習俗，比如現在流行皇帝劇，寶寶看了或許會問：「皇帝是什麼樣的人呢？人們為什麼都要聽皇帝的話呢？皇帝為什麼有那麼多寶寶呢？」等等，很多寶寶提出的問題在寶寶的知識範圍內是合乎邏輯的。那些幼稚的提問在我們看來似乎荒謬可笑的，但是想知道更多東西的寶寶，總會有這樣或那樣的疑問，為什麼大人們明明知道是不正確的事情，

卻還要那樣做。對於這樣的問題，父母一定要認眞對待，不要打消寶寶獲取知識的好奇心。

父母和寶寶也需要建立一種信任關係，使寶寶相信自己能夠嘗試新的思維方式。父母還應該和寶寶分享他們的許多「經驗」，與寶寶一起度過那些歡樂的時光，對於你更多的理解寶寶將有極大的幫助。

其實，在父母回答寶寶「爲什麼」的過程中，回答即尋找答案。雖然答案本身也非常的重要，但眞正重要的是在於尋找答案的過程，以及用什麼樣的方式去回答寶寶。寶寶的語言能力，恰恰就在這千千萬萬個「爲什麼」中得到提高的。

第九節　模仿說話是寶寶掌握語言的開端

由於寶寶年齡尚小，所掌握的知識也非常有限，所以模仿是他們初學語言時一個很重要的方法。模仿說話是寶寶掌握語言的開端。舉凡做爸爸媽媽的都會有這種體驗：自己的寶寶在牙牙學語時，就是透過模仿大人的語言，開始學會說話的。其實，模仿說話的作用並不限於此，它對提高寶寶聽覺記憶力也有著重要的作用。寶寶反覆的跟讀、跟說，可以幫助他們加深資訊的印象和提高記憶力。

那麼，如何讓寶寶積極地進行模仿說話呢？下面介紹的一些具體方法你不妨參考一下：

一種是寶寶聽完後立即複述。剛開始時，父母可以說一個詞或一個比較簡短的句子，讓寶寶模仿說話，然後逐漸增加字句的長度。例如：我看見──我看見一條狗──我看見一條狗和一隻貓──我看見一條狗和一隻貓在打架。還可以讓寶寶模仿說話聽到的故事，以此來提高寶寶的聽覺記憶，對故事的選擇也應由短漸長。另外，一些傳遞消息的遊戲對寶寶的聽、記，並正確地做到口語表達，也是很有幫助的。

還有一種方法就是可以讓寶寶回憶並準確複述以前聽到的資訊。這種方法可以訓練寶寶的聽覺記憶和保持記憶的準確。具體做法是：

告訴寶寶一句簡單的話，如：今天下午李阿姨會到我們家來。隔一分鐘後，再問寶寶：媽媽剛才告訴你什麼？等寶寶熟悉這項活動後，可以逐漸延長回憶的時間。如：五分鐘、十分鐘、半小時、半天……再讓寶寶複述所說的話。當寶寶能將簡單話語記住後，可以逐漸增加句子的長度與內容的複雜性。

訓練寶寶的模仿說話能力，父母還應注意一些問題：

（1）注意聽──說──看──動的結合

多種感官的結合，對訓練寶寶聽覺的記憶力是非常有幫助的。如：讓寶寶聽詞找相對的圖片、實物，然後模仿說話，再收起圖片、實物，讓寶寶回憶剛才聽到的詞。也可以聽指令做動作，然後讓寶寶回憶聽到的指令。

（2）教給寶寶一些記憶的策略

這種方法可以提高寶寶記憶的廣度和記憶的牢固性。

1.教寶寶學會分類。在訓練寶寶模仿說話時，可先按類型模仿說話辭彙，如模仿說話有關廚房用具的辭彙，並配以相對圖片。然後移走圖片讓其回憶。當寶寶熟悉這些詞的分類後，就可教他將所要記憶的資料分門別類進行模仿說話。如：動物類、植物類、交通工具類……

2.訓練寶寶利用聯想進行記憶並複述。如：呈現熊貓、森林、草原、山羊這幾個詞，引導寶寶想像成熊貓生活在森林中，山羊生活在草原上，以此來幫助寶寶進行記憶。

雖然，模仿說話對提高寶寶聽覺記憶力是非常好的辦法，但模仿並非是最終目的，模仿說話的最終目的是讓寶寶從模仿中跳出來，由模仿上升至創造，進而把寶寶帶進豐富多彩的語言世界。

第十節 讓寶寶學會與他人溝通

　　寶寶在5個月左右就會對別人的表情做出回應，並開始能夠察覺他人在交流時的不同表現，這是寶寶模仿的開始。父母在與寶寶交流的時候，應該注意對寶寶的笑聲、哭聲做出不同的表情、身體動作和語調的反應。當寶寶真正能夠用語言和家人進行交流的時候，父母這時就可以教導寶寶如何與他人進行溝通的技巧了。

　　寶寶到了10個月左右，他的模仿能力往往會讓父母也大吃一驚，並且會將大人逗得非常的開心。這一時期也是寶寶認人的階段，畢竟，在寶寶的成長過程中，他需要和不同的人接觸與交往，這樣才能拓寬寶寶的視野與溝通能力，並由此建立起寶寶健全的人格。因此，父母應該積極的為寶寶創造與別人接觸的場所和機會。

　　當寶寶學會模仿時，父母就可以教寶寶養成與別人打招呼的習慣。早上爸爸出門時，媽媽可以抱著寶寶，抓著他的手向爸爸揮手說「爸爸，早點回來」。當爸爸回家時，再和他一起到門口去迎接，「爸爸，你回來啦」。這時也可以讓他親親爸爸的臉頰，可以採取很多種的表示親熱的方式。

　　另外，遇見街坊鄰居時也是一樣。首先，媽媽應先向別人打招呼「你好」，然後再對寶寶說「我們寶寶也要向奶奶問好」，讓寶寶也向別人問好。告別時，也不要忘了教寶寶向別人說再見，「來，我們

來向奶奶拜拜吧」、「拜拜」，然後握著寶寶的手揮動幾下。

當然，這個時期的寶寶還不會說「你好」，或把「你好」說成「你鳥」，但隨著寶寶與別人接觸的機會不斷增加，重複練習，也就會講得越來越清晰了。例如，當寶寶學會「拜拜」時，就會瞭解當自己說「拜拜」時，對方就會離開自己而去。有時會聽到寶寶不停地說「拜拜、拜拜」，這可能是寶寶看到自己不喜歡的人，或想逃避自己不喜歡的事。當寶寶能表示出「我不喜歡，回家好不好」的資訊時，寶寶就不會用哭來表達自己的意志了。

和寶寶溝通的基本方式在於交談，不僅是單方面的說話，當寶寶能夠回應別人的談話時，也就能順利地與人交談、接觸了。當我們拿東西給2歲多的寶寶時，一邊說「給你」一邊交給他時，他也會模仿著說「給」。不久，當寶寶拿東西給我們時，他也往往會說「給」。這是因爲寶寶還不能講出「給你」，所以只能用「給」來代替，但過不了多久時間，他就會像大人般地說「給你」或「請」等字眼。

當父母之間進行交流，或者在和他人交流的時候，一定要看著對方的眼睛說話，寶寶透過觀察，肯定就會學到這種尊重他們的交流習慣了。

家庭是寶寶學習的最主要場所，所以父母要特別注意避免給寶寶造成不良的影響，要用良好的習慣來感染和薰陶寶寶。

第十一節 教寶寶使用優美的語言

教寶寶學說話的過程，也是培養寶寶良好素質的過程。語言表達和故事情節中，有愛心、友好、禮貌、合作的辭彙；有理解人物和事物的道理；有自然、科學技術的奧秘；有修正錯誤技巧和激勵的竅門。這些都對寶寶起著潛移默化的作用，所以，父母教寶寶說話時，不僅僅教他們會說，還要注意教寶寶使用優美的語言。

從寶寶躺在搖籃裡開始咿咿呀呀時，父母應該就有意識地對寶寶說話，並教寶寶唱兒歌。寶寶做什麼時，就教他說什麼。結果，你肯定會發現寶寶愛聽故事，而且聽了一遍還要求父母再講一遍。為了滿足寶寶的這個要求，不僅自己講，還可以買一些錄有童話故事的CD。因為這些童話故事中的言語不僅規範化，而且生動、美妙、富有韻律，對於寶寶語言表達能力的提高和對語言的感悟有極大的幫助，應該說是非常值得借鏡的。

此外，寶寶長到3～4歲時，隨著和外界接觸的日益廣泛，社會上一些人的不良言語習慣（如講一些髒話或不禮貌的話），還有南腔北調的不規範發音等，都有可能影響到寶寶學習語言的氛圍。對於這些不良的現象，身為父母，一定要注意即時糾正，否則，會影響寶寶言語的正常發展。

　　爲了防止和即時糾正寶寶模仿他人不良言語，一方面父母要注意即時糾正寶寶模仿他人的不良言語，一方面父母要注意選擇寶寶外出接觸的對象，同時再想辦法鼓勵寶寶改正說髒話的習慣。如發現寶寶講髒話時，可以在家中掛一張「光榮榜」，告訴寶寶他每改正一句髒話，就替他貼上一顆紅五角星。假如他重犯老毛病或添加新的缺點，就打上一個黑叉叉。這樣，寶寶說髒話的毛病就會慢慢得到糾正了。

　　讓寶寶從小學會使用豐富的語言和優美的言語，不僅有利於寶寶的智力開發，還有助於寶寶今後學習科學文化知識和培養寶寶的美好心靈，並逐步培養寶寶的良好品格。

第十二節 電視是寶寶學習語言的一股活水

動畫片，還有一些富有創意的廣告詞、娛樂節目，內容健康的電視劇、電影等，都是寶寶學習國語、學習大眾語言、接受各類知識的最重要的途徑。

因此，無論從引導寶寶健康生活的角度來著想，還是從充分發掘生活中學習的資源出發，電視──這一獨特的資源，絕不應該被父母所忽視的。

那麼，如何將看電視與寶寶學習語言結合起來呢？父母們可以採取以下的辦法：

（1）和寶寶一起看電視

父母和寶寶一起看電視，既可以幫寶寶「把好關」，還可以促進親子的融洽關係。當然，也要講究方式和方法。父母應在理解寶寶內心需要的基礎上加以正確引導。比如在動畫世界裡，寶寶們實現了在生活中不能實現的夢想，彌補了現實生活中的缺憾。在與寶寶一起觀看電視時，父母可細心體察寶寶的反應，對寶寶表示疑問的地方，可以用評論、提問等方式對寶寶進行引導。

（2）適度限制時間

據最新研究顯示，寶寶看電視時間過長，不僅影響視力，而且會使寶寶容易罹患肥胖症。因此，寶寶看電視的時間應控制在每星期10個小時左右，每天看動畫片、電視的時間最多不要超過一個小時。如較小的寶寶，應控制在一次不超過半小時爲好。

（3）把看電視和閱讀聯繫起來

如果父母有意引導，看電視同樣可以激發寶寶的閱讀興趣。看完電視劇後，父母可以讓寶寶把故事的情節複述一遍。因爲，在很多的電視劇中，總有一些精彩的對白、生動的臺詞，這時，父母可以鼓勵寶寶大膽地進行模仿。而對於一些知識性的節目，正好可以讓寶寶給父母介紹介紹，也讓寶寶當一當「小老師」、「小博士」。

看完了電視，總免不了發發議論。父母可以問問寶寶「假如……你會……」等之類的話語，讓寶寶設身處地的想一想，這對開發寶寶的智力和養成寶寶良好的思維習慣也是非常有用的。

另外，父母可以讓寶寶對劇情或劇中的人物進行評論，談談個人的好惡。寶寶的評論不一定有邏輯性，也不一定正確，但這一點並不要緊，在寶寶的這個年齡層，只要他勇於進行評論就不錯了，隨著寶寶年齡的增長和知識的增多，寶寶對這些故事的情節就會有一個客觀而準確的認識。

第十三節 讓玩具幫助寶寶學習語言

　　玩具在寶寶的世界中佔有重要的地位，父母在爲寶寶選購玩具時，千萬不要想著單純的爲了給寶寶提供玩樂的場所，而是要考慮到讓寶寶在玩這些玩具的過程中，同時達到長知識、增能力的目的。

　　有些玩具對於寶寶學習語言是非常有幫助的，我們這裡列出如下幾種常用的玩具，希望能夠對你及你的寶寶有所幫助：

（1）仿生活中的物體製作的玩具

　　如：娃娃、房子、家具、炊具、各種交通工具、醫院用具等。這類玩具可供寶寶玩角色遊戲時使用。在角色遊戲中，寶寶主要使用語言表現遊戲的情節和內容，因而能促進寶寶語言的發展。如「扮家家酒」的遊戲中，讓寶寶模仿媽媽，一會兒哄娃娃睡覺，一會兒給娃娃餵奶。遊戲中的每一個情節的展開和變化，都可以直接讓寶寶模仿「媽媽」的語言和動作，這種方法比生硬的教寶寶模仿要好得多了。

（2）寶寶表演故事時可以用的玩具

　　如頭飾、面具、木偶、桌面表演的形象玩具等。這類玩具可以讓寶寶開展表演遊戲，對寶寶語言的發展有突出的作用。故事中生動、優美的語言，特別能訓練寶寶的口頭表達能力。寶寶在表演過程中自

然就會運用作品中的語言，並由此而掌握了正確的使用語言和富有創造性的符合角色性格特徵的語調及表情。在此基礎上，爸爸媽媽還可以啓發寶寶自編自演故事，這對提高寶寶的語言表達能力也將具有極大的幫助。

（3）具有基本幾何形狀的玩具

如各種積木、拼圖等，寶寶可用這類玩具進行各種建構活動。如用積木搭建房屋、公園；用拼圖拼家具、車輛等。在建構活動中，爸爸媽媽可以有意識地發展寶寶的語言，如建構前，可幫助寶寶構思，讓寶寶說出要建構的物體；建構完成後，還可以讓寶寶給父母講一講自己建構物體的過程和方法。既可提高寶寶的口語表達能力，又可促進寶寶思維水準的提高，還可以引起寶寶對遊戲的興趣，眞可謂是一舉數得了。

將以上的玩具教給寶寶玩耍時，父母最好給寶寶一些適當的指導。當然這些玩具不一定非得去買，爸爸媽媽可以根據寶寶開展遊戲的需要，充分利用廢舊物和自然物自製一些玩具，如果讓寶寶能夠參與製作就更好了。這樣既可以提高寶寶的手腦並用能力，又能培養寶寶勤儉節約的良好品德。

第十四節 讓寶寶的表達能力更加流暢

寶寶到了1歲半以後，你肯定經常會對寶寶迅速發展的語言能力感到驚訝。在這段時間裡，父母每天都會發現寶寶的進步，從一個字的表達，到一個語詞的使用，再到一個句子的運用。所有的這些，肯定會讓父母感到驚喜不已。

但是，在寶寶的成長過程中，你也許會發現下面的一些問題：寶寶雖然說話口齒伶俐，卻思考跳躍，說不出整段的句子；寶寶思想雖然比較豐富，反應也敏捷，卻辭不達意，或是羞於表達，不善於描述。

遇到上面的情況，爸爸媽媽們也沒有必要過於驚慌。在日常生活中，要和寶寶多聊天，比如說：「我好高興哦，因為……」、「媽媽有一點擔心，因為……」或適時問寶寶：「你喜不喜歡？」、「什麼事情讓你這麼生氣、難過？」此外，還可以透過講故事、編故事、角色扮演，以及和寶寶討論故事中人物的感覺和前因後果等，以此來激發寶寶表達自己感想的欲望。

另外，父母要幫助寶寶豐富有關情感方面的辭彙，如愉快、愛、喜歡、厭惡、痛苦、可憐、可悲等，並讓寶寶能夠理解和運用這些語詞。

　　認真傾聽寶寶說話也非常的重要，這樣可以引導寶寶把自己的想法和心情表述出來。如果寶寶覺得自己說話經常沒有受到重視，他們就會逐漸沉默起來。所以，父母一定要經常鼓勵寶寶表達自己的情感，告訴寶寶，當自己有高興的事情時可以說出來和大家分享，當有煩惱、痛苦的事情時也可以向父母傾訴，這樣可以讓自己的心情得以放鬆，並求得父母和老師的幫助。

　　語言是學習之本，一定要培養寶寶勇於表達自己的感想，並鼓勵寶寶說出來，寶寶說錯了也沒關係，說得慢點也沒關係，關鍵是要讓寶寶每天都在進步，這一點是非常重要的。

第十五節 讓寶寶擁有良好的口才

　　良好的口才是靠後天培養訓練出來的，對寶寶來說，擁有一個好口才，是寶寶心理成長過程中一個顯著的飛躍。在寶寶2至3歲的年齡層，因為大腦皮質中支配語言的神經組織已經逐漸發育成熟，達到了寶寶口頭語言發育的最佳年齡。因此，有意識地對寶寶的語言進行訓練，對寶寶日後熟練地駕馭語言能力將會有很大的幫助。

　　寶寶言語能力的發育是一個連續的、有順序的發展過程。1歲半左右的寶寶可以發出一些單音詞，如「媽、爸」等；

　　2歲時，有的寶寶就可以說一些簡單的句子了；

　　3歲時，寶寶就開始學會說一些複雜的句子了。

　　爸爸媽媽如果想豐富寶寶的生活內容，啟發寶寶觀察分析各種現象的能力，就必須從看得見、摸得著的具體實物入手，再逐步轉入抽象的事物。如果想訓練寶寶的口才，首先就要教寶寶說一些生活中常見的用具、玩具和交通工具等實物的名稱，再讓寶寶經常重複自己的各種動作名稱。一邊說一邊要做出動作，這樣學起來比生搬硬套的單純學語言進步要迅速多了。

　　兒歌也是促進寶寶語言發育的極好形式。兒歌歌詞短而押韻、易學，寶寶一旦學會，就可以熟練地表演和背誦。當然了，想要給寶寶

教會兒歌，父母自己首先要學會兒歌，而且要做到表情豐富，掌握好輕重緩急，也可以結合實物圖片或遊戲進行邊玩邊唱。

在家裡，父母還可以根據寶寶的愛好，透過講故事，激發寶寶對父母所講故事的興趣。逐步啟發寶寶組織辭彙，達到連貫表達的能力。比如有客人到家裡來訪，或帶寶寶出去訪親探友時，要鼓勵寶寶主動向別人打招呼，勇於講話。這樣就訓練了寶寶從小在大庭廣眾中勇於表達自己的能力，對語言發展和口才水準的提高將至關重要。

訓練寶寶語言表達能力時，父母講話的口齒要清楚，發音要準確。如果發現寶寶發音不準確時，一定要即時給予糾正，不能任其養成習慣，更不要因為發現寶寶發音不準，覺得可愛、有趣，而不予糾正。

第十六節 防止寶寶出現語言障礙的方法

　　嬰幼兒時期是一個人語言發展的關鍵時期，2～3歲是小寶寶掌握口語的基本階段。根據有關統計資料顯示，2歲寶寶語言障礙的發生率在9%～17%之間，明顯高於智力障礙的發生率。語言障礙不僅嚴重影響寶寶的語言理解和表達能力，還將影響到寶寶的社會適應能力，並容易造成心理上的缺陷和障礙。因此，父母一定要把握好寶寶語言發育的最佳時期，讓寶寶在這個時期「能說善道」。

　　根據寶寶心理學的理論，語言刺激應該是最接近寶寶的語言發育水準的，父母教寶寶學話時，要以寶寶能夠理解為前提，而對不理解的語句的模仿，至少在當時來說只是鸚鵡學舌，不能算是真正的語言。

　　此外，3歲以下的寶寶經常會有語言不流利，甚至出現口吃的現象，許多父母對此十分擔憂。專家們認為，寶寶口吃與寶寶所掌握的辭彙量不夠有著直接的關係，字、句掌握程度的不同步，或者表達的需求與能力不搭配都會導致寶寶口吃。寶寶到了2歲以後辭彙量迅速增加，他們很想用語言來表達自己的思想，但表達能力跟不上思維發展的速度，因此該年齡層的語言不流利往往是發育性的，與辭彙量的增加有關。因此，父母們不必為此而擔心。

　　時下，雙語教學已經越來越成爲許多學校和父母談論的話題，也有一些學校從小學階段就開始實行雙語教學。這似乎成了時尚、先進教學的代名詞。但是有關雙語教學對寶寶語言發育的影響目前仍有不同的觀點，有的認爲會影響寶寶語言發育，有的認爲對語言發育有促進作用，也有的認爲雙語教學與講單一的語言教學相較沒有什麼區別。而該項課題研究結果顯示：在一個家庭中，如果多種方言並存，那麼對寶寶的語言發展將產生負面影響，但並不影響寶寶辭彙量的發展。爲此，專家建議，對於寶寶學習第二種語言或方言，父母不宜操之過急，而應當安排在4歲以後。

第十七節 給寶寶良好的語言環境

語言環境對寶寶語言的發展也起著極為重要的作用。懂得教育方法的父母或老師總是會為寶寶創設一種寬鬆愉悅的精神環境，使寶寶生活在濃濃的愛的氛圍中，這樣寶寶才會樂於與大人交往，並愉快地接受父母的語言訓練。

寶寶學說話是從聽講話開始的，因此父母要隨時注意給寶寶提供聽講話的環境。最簡單的方法是隨時說出你正在做的事情，如妳在洗衣服時，可對寶寶說：「媽媽給爸爸洗衣服。」妳在看書，可以說：「媽媽在看書，寶寶長大了也要看書。」還可以說寶寶正在做的事，如寶寶在吃蘋果，父母就可以這麼問：「寶寶在吃蘋果，好吃嗎？」寶寶在玩玩具，你可以說：「寶寶在玩積木，真乖。」這種語言環境的作用在於開拓寶寶的「由聽到說的系統」。寶寶與大人交往時，一般在最初自發發音的基礎上和視、聽、觸的過程中，再透過生活活動和遊戲，就會模仿大人的語言和語調，自然也就學會說話了。

在訓練寶寶聽話能力的時候，父母可適時選用較慢、重複的話語對寶寶說話，有助於寶寶理解和模仿父母的話語，這對寶寶初期的語言發展是很有好處的。父母說話時務必做到發音準確、清楚，因為寶寶從小養成的語言習慣和發音特點，長大後是很難改正的，所以，父母一定要讓寶寶從小就規範化地使用語言，為將來流利的口語表達奠

定基礎。

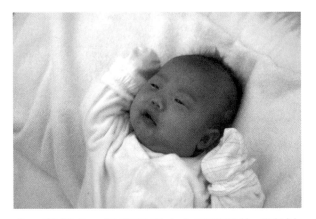

父母要讓寶寶在童趣中學習語言，因為生活在單調環境中對寶寶語言的發展是極為不利的，要為寶寶盡量創設不同的生活環境，讓寶寶見得多，聽得多，這樣寶寶才會有語言的「素材」可說。當寶寶長到6個月～1歲時，爸爸媽媽就可以經常抱著寶寶到外面去。抱寶寶外出的目的是讓他看各式各樣的東西，培養寶寶觀察世界萬物的興趣，並激發寶寶的好奇心和求知欲，同時還能培養寶寶的注意力。例如，你可以對寶寶說：「寶寶你看，這是高樓、那是汽車。」……如果你所描述的是可以拿到手上玩的，最好拿起來給寶寶摸摸看。例如，你可以撿起一片樹葉，告訴寶寶說，「寶寶！看，這就是樹葉，輕輕的、薄薄的。」……

在這樣的培養下，當寶寶長到9個月左右，就會開始提問了。你也許會感到奇怪，寶寶還沒有學會說話，他怎麼會提問呢？其實，寶寶是用他的眼神、「嗯嗯」的聲音和用手指的方式在向你提問呢！

　　等寶寶到了1至2歲的時候，父母就可以天天帶他出去散步了。同樣，散步時也要不斷地對寶寶說話，把看到的自然景象講給寶寶聽。

　　學齡前寶寶的模仿力是極強的，身為寶寶學習語言的第一任老師——父母，說話時一定要為寶寶樹立起楷模。

　　美國心理語言學家F.R. 施萊伯說：「想要知道你的寶寶將來的語言如何，就必須先研究你本人現在的語言。」如果父母在寶寶面前隨便說出那些粗話、髒話，那麼你就別指望自己的寶寶學會那些文明禮貌的語言了，到時候寶寶如果還沒有達到那種張口罵人的程度就已經是謝天謝地了。

第十八節 寶寶「學舌」好處多

寶寶從呀呀學語到能夠說出一個字或一個語詞，這中間可以說凝聚了父母諸多的心血，如果沒有父母不厭其煩、反覆地「領讀、跟讀」，寶寶是不可能輕易「發話」的。

從寶寶心理發展的規律看，寶寶語言的發展，是經過了理解語言的階段以後才開始的，而寶寶「學舌」則反映了他們說話的需要。

一些上幼稚園的寶寶，回到家裡以後，往往願意向父母講講自己在幼稚園裡的事情，說明寶寶願意「學舌」。他們把在幼稚園裡的所做所想講給自己的父母聽，也是對父母的尊重和信任；父母如果認真的傾聽，寶寶就更願意親近、熱愛父母了，兩代人的感情也會隨之增進。

寶寶「學舌」，可能講的是他們自己感興趣的事情，這樣會使寶寶處於愉快之中，保持著愉悅的心境，這對寶寶身心健康是很有好處的。寶寶講述自己不高興的事情，也抒發了內心的苦悶，父母可從中瞭解寶寶的心理狀況，並配合幼稚園的老師教育好寶寶。

　　寶寶「學舌」的時候，也是心裡最活躍的時候，寶寶這時正在回憶一天的活動，會選用盡可能完整、盡可能準確的語言來表達思想，這對寶寶本人思維能力和語言表達能力的提高也是很重要的。

　　但是，「鸚鵡學舌」似的學舌不利於寶寶學說話。語言刺激應該是最接近寶寶的語言發育水準。教寶寶學習語言要以他們能理解為基礎，對不理解的語句的模仿，至少在當時來說，只是鸚鵡學舌，不能說是真正的語言。

第十九節 正確對待「多話」的寶寶

「寶寶2歲多的時候，就不停的說話或唱歌，一直到睡覺，有時可以連續唱幾個小時。」這是很多父母經常反映的事情。

其實，這是寶寶語言發育的過程，也是極為正常的事，身為父母，不必過於擔心，你所要做的是積極地引導寶寶，而不是訓斥寶寶，讓他「安靜一點」。

寶寶的多話往往起源於牙牙學語時，他們早熟的發音能力和語言能力經常博得大人的誇獎和驚喜。大人們的鼓勵越多，寶寶就越能說。實際上，讚揚的確非常有助於提高寶寶的辭彙量和語言表達能力。然而，有些寶寶就會慢慢養成過於注重口頭表達的習慣，讓寶寶誤以為說話就等於聰明。

那麼，如果寶寶一旦養成了多話的習慣，我們怎樣幫助他們呢？

多話的習慣一旦養成，寶寶會在不自覺中喜歡說，而不喜歡聽。只有滔滔不絕地說話時，他們才能找到被肯定的感覺。

那麼，身為父母，應該怎樣幫助寶寶改掉這種多話的「毛病」呢？專家們建議，要積極培養寶寶的其他興趣，挑選一些你可以和寶寶一起進行的活動，比如打球、騎車、在操場上玩遊戲，或者棋牌類遊戲等等，這些活動都可以轉移寶寶的注意力，減少寶寶過多的說

話。

多話的寶寶之所以有時不討人喜歡，是因為他們的話往往重複、沒有意義、平淡，也缺乏組織。這時，寶寶需要的是正確的指導，讓寶寶說話時更具創造性、建設性和清晰的邏輯結構。

父母還可以幫助寶寶找到自己的「舞臺」，比如一些辯論會、朗誦會、話劇以及聯歡會等等，這些課外活動是多話寶寶最好的舞臺。在這些活動中，寶寶們一般都會不自覺地強迫自己在說話前做比較深刻的思考，也提高他們的思維能力。另一方面，在這些活動中，寶寶也可以獲得更多的聽眾，得到比較客觀的評價，讓寶寶在肯定自己的同時，也知道自己的不足之處。

第二十節　和沒有學會說話的寶寶輕鬆「對話」

寶寶連話都不會說，怎麼和他進行「對話」呢？這應該是你比較疑惑的地方吧!當然父母們的這種疑惑是可以理解的，畢竟一個人的說話不能稱之爲「對話」。其實，我們這裡的「對話」指的是父母和寶寶之間的相互交流，寶寶這時候雖然還不能說話，但他的心靈是可以做出回應的，父母和寶寶之間可以是動作形態的交流，也可以是眼神的交流，當然了，言語形式的交流應該是最爲輕鬆的交流方式了。

那麼，父母如何促進寶寶的言語交流能力呢？

（1）促進寶寶言語交流能力最有效的方法就是和他多說話，學習語言也和學習其他東西一樣，最好在寶寶有所注意、有興趣的時候進行。

（2）可以用多種形式來訓練寶寶的言語交流能力，但一定要靈活多變、講究趣味、生動活潑，還應把這種訓練穿插到日常生活和遊戲之中。

（3）結合生活事件和具體活動教寶寶說話，例如，早上邊起床邊和他聊天。當然，聊天也是一種很好的交流形式。

（4）短小、內容淺顯的兒歌很容易激起寶寶的興趣。父母可以多給寶寶讀一讀兒歌，然後再進一步教寶寶跟著學唸。

（5）睡覺前給寶寶多講講故事、看圖畫書，在看看講講中，與寶寶對話、提問，讓寶寶模仿、複述。

（6）創設適合寶寶的遊戲環境，讓寶寶在玩遊戲的過程中學會和自己對話。要知道，這種形式是學習講話、提高語言交流能力最自然、最有效的方法。

第二十一節 教寶寶學會自我介紹的方法

在寶寶2、3歲的時候，對口頭語言已經很熟練了。這時父母如果再教寶寶一些自我介紹的方法與技巧是非常重要的。一方面可以培養寶寶語言的邏輯性，另一方面，如果寶寶在外面意外走失時，寶寶就可以透過自我介紹來向周圍的人們求助。

首先，父母要設計一些問題，用問答的方式，讓寶寶記住自己的姓名、年齡、家裡住址等等。比如：

你叫什麼名字？——我叫劉明。

今年幾歲啦？——2歲半。

爸爸叫什麼名字？——劉偉。

你家住在哪裡？——松山區信義路5段508號。

家裡的電話號碼是多少？——88996133

一開始訓練的時候，以父母說為主。替寶寶做回答的時候，語速放慢一點，咬字要盡量清晰，這樣才有助於讓寶寶記住它們。慢慢地等到寶寶開始熟悉這些內容以後，就可以在提問後停頓數秒，以誘發寶寶自己來回答。

像住址這類比較複雜的問題對寶寶來說是很難一下子記住的，所

以需要重複多次。不妨在茶餘飯後，想起來就考考他，如果寶寶還是答不出來，就可以分段提醒他：

比如：我們家住在哪裡？是什麼區呀？——松山區。

幾段？——5段。

最後，要學會把這些問題的答案串聯起來，組成完整的一段話，使寶寶達到不需要父母的提示就可以直接陳述出來的能力。

寶寶學會了自我介紹，就可以在寶寶即將踏進幼稚園之前，先來排練一下給小朋友們做自我介紹的場景！這時的自我介紹可以讓寶寶加進一些主觀性較強的問題，比如：

我最喜歡的人是爸爸媽媽；我最喜歡看的動畫片是《天線寶寶》；我最喜歡的故事是《三隻小豬》；我會自己吃飯，會自己穿鞋子……

自我介紹讓寶寶學會了熟練地表達自己的感想，這些對大人來說看似平淡無奇的話題，對增強寶寶的語言表達能力卻是產生了極大的作用。

此外，對自己的瞭解不但提升了寶寶的自信心，也鼓舞了他去學習更多的東西。當寶寶面對陌生的人或環境的時候，就可以顯得從容不迫了。萬一在戶外與大人走失，也可以儘快向身邊的人們求助。

第二十二節 積極看待寶寶的「自言自語」

有的寶寶一個人玩的時候總是在嘴裡唧唧咕咕地說個不停，有時候是對著書本或玩具說，有時候是自己對著自己說。而旁人卻聽不清楚他到底在說什麼，也弄不明白他到底在想些什麼。有的父母很擔心，寶寶究竟在跟誰說話？是不是得了自閉症？

其實，父母們這樣的擔心是多餘的。自言自語在寶寶中是很普遍的正常現象。

寶寶常常會「自言自語」，這是寶寶語言的特點之一。這種自言自語一般有兩種形式，一種是遊戲語言，這是一種行動的伴奏，寶寶一面在玩遊戲，一面嘀咕，如寶寶在玩玩具時，常常一面玩一面說：「小鴨在水裡游泳，小魚游來了。」在玩「扮家家酒」遊戲時常扮演媽媽對寶寶說這說那的，而這種自言自語的伴奏直到遊戲結束才停止。另一種自言自語的形式是問題語言，這是困難在言語中的表現，常常在遇到困難時，或表現困惑、懷疑、驚奇等等。當寶寶忽然找到解決困難的辦法時，也會自言自語。例如，在堆積木時，他們往往一邊堆一邊說：「把這個放在哪裡呢？……不對，應該這樣……這是什麼？……原來應該放在這裡……」

寶寶的自言自語是由外部言語向內部言語轉化的一種過渡形態。實際上是寶寶思維的有聲表現。有的寶寶自言自語較多，這恰恰說明

他們肯動腦筋。從寶寶的自言自語中，我們經常能夠瞭解到他們的思考內容及方向，能夠體察他們的想像力，為進一步引導寶寶發展智力打下良好的基礎。所以，當寶寶自言自語時，父母不要不以為然或者嫌寶寶「吵」而加以大聲斥責，而要琢磨寶寶的話，並注意對他們的不解、疑惑給予一定的啟發，當寶寶能獨立戰勝困難時，還要給予鼓勵。

因此，如果父母再發現寶寶經常自言自語時，就不必再擔憂了，因為這是寶寶思維發展的重要階段，也是他們學習語言的有利時機，父母可以對此善加引導與培養。

此外，父母也要多和自己的寶寶說說話，可以隨時隨地告訴寶寶一些生活中的常識，比如：這是什麼、那是什麼、做什麼用的、我為什麼這樣做……

也可以時而給寶寶提一些以他的能力能夠回答出來的問題，讓寶寶自己思考並回答。

比如說，講故事可以增強寶寶思維的連貫性和邏輯性，也是訓練寶寶語言的極好途徑。講完故事後，要讓寶寶談談自己的想法，可以讓寶寶來給故事設計不同的結局，還可以先幫助他一起把故事簡要地複述出來，然後嘗試讓寶寶自己獨立的進行複述。

第二十三節 瞭解寶寶說話的原因

一般來說，愛說話的寶寶因為好問而在想法上比較深入，也比較有自信、有個性。其實寶寶們所說的即使是看似不合邏輯和常識的話，也都是有其原因及理由的，所以父母必須去瞭解寶寶說話的原因，通常可分為以下3個原因：

（1）發現自己解決不了的問題，需要大人幫忙。

（2）想把自己「所聽、所見、所聞」的感受用語言表達出來。

（3）想感受一下與爸爸媽媽交流的感覺。

因此，父母的傾聽是一種認同寶寶的舉動，可以讓寶寶感覺到自己被充分尊重和認可，也讓寶寶覺得自己和父母是一種平等的關係，進而大大的增進了親子之間的融洽關係。

大人們的傾聽會使寶寶產生哪些變化呢？我們可以試著去貼近寶寶，近距離地聽寶寶說話，那麼你就會發現自己的寶寶會有各種意想不到的能力表現出來。

（1）寶寶變得容易把自己的想法表達出來。

（2）產生自信。

（3）寶寶的表達變得明朗。

（4）寶寶的個性變得比較圓融。

（5）因為自己的感受、說話受到重視而變得更有耐性、更有安全感。

（6）煩惱能儘快消除。

（7）很早就能開始說比較長的句子和靈活運用不同的生詞，對將來的寫作和表達能力也有幫助。

寶寶是從「眼觀六路、耳聽八方」來開始學習說話的。只要寶寶開始喃喃自語，發出簡單的聲音時，就是開始進行「親子對話」的好時機，父母要按照寶寶的不同年齡階段的要求，來瞭解寶寶說話的原因，然後採用不同的刺激來鼓勵寶寶和自己對話，提高寶寶的語言表達能力。

第二十四節 正確對待寶寶的「語言障礙」

寶寶會說話以後，父母不要只滿足於教寶寶認字、背詩等，還應該注意訓練寶寶的平衡能力和本體感。因為平衡能力差的寶寶，語言組織能力也較差，雖然話多，但大多言語毫無條理，且多有重複。本體感差的寶寶，動作拖拖拉拉、笨拙，大腦對聲帶、舌頭、嘴唇等肌肉控制不良，容易造成思維快於語言，而形成大舌頭、口齒不清、口吃等。

語言障礙是困擾寶寶智慧發展的一大癥結，而學前期又是寶寶語言障礙的高發年齡層。

患語言障礙的寶寶一般在3歲左右才會表現出各種症狀，而且，3歲之後也有發病的可能性。

如果你發現寶寶說起話來總是語焉不詳、結結巴巴；如果你總是找不到寶寶為什麼說不好話的原因，那麼請你來測試一下吧，看看你的寶寶到底有沒有以下的現象：

（1）口吃。

（2）說話時辭彙貧乏、不豐富。

（3）朗讀時有困難。

（4）經常混淆語詞。

（5）語法應用不規範。

如果你的寶寶有以上的這些現象，那麼寶寶就可能患有語言障礙。不過，即使這樣，父母也不用過於焦慮。首先要認清你的寶寶是屬於哪一種語言障礙的：

第一種是正常寶寶的語言障礙。生理和心理都正常健康的寶寶所患的語言障礙，通常都屬於這一種，而這種語言障礙是可以透過父母的努力，逐漸得到矯治的。

第二種是特殊寶寶的語言障礙。這種語言障礙比較少見，如果寶寶是這種情況，就需要帶他去醫院就診。

有的寶寶在語言理解上存在著不同程度的困難，所以在語言表達時自然就會產生障礙，表現為辭彙少、語法不正確，不能夠完整正確地表達自己的意思。

第二十五節 針對寶寶語言障礙的「藥方」

　　如果你的寶寶屬於正常寶寶的語言障礙，那麼，你就沒有必要驚慌，下面我們給你開出的幾帖「家庭藥方」，完全可以解除你的顧慮。

（1）心理治療法

　　適用症：假性口吃。

　　對於那些由於心理問題而引起假性口吃的寶寶，你只要找到並驅散寶寶的心理原因，口吃現象就會得到緩解。

　　家庭氣氛的不和睦，或者家庭突然遭受變故，如父母離婚、親人去世等，都會給寶寶的心靈矇上巨大的陰影，寶寶在這個時期往往容易出現語言障礙。但這種語言障礙實質上是暫時性的。這時，身為父母，你首先要調整好自己的心態，改善家庭的氣氛，並根據情況對寶寶進行心理疏導即可。

　　有些寶寶被老師批評後，覺得自尊心受到了傷害，導致心理負擔不斷加重，進而出現間歇性的口吃。

　　由於這些寶寶多數膽小、內向，恐嚇和打罵都只會加重寶寶的心理不安全感。最好的方法就是順勢引導寶寶，在心理上安慰寶寶。你

可以對他說「我不會怪你的」、「想好了再說，慢慢來」等，透過溫和親切的語言與行動，緩解寶寶的壓力，增強與寶寶交流的親切感。

（2）語言治療法

適用症：假性口吃、輕度咬字不清。

父母是寶寶的第一個語言老師。在和寶寶用語言交流時，要特別注意，一定要口齒清楚，有抑揚頓挫之感。而下面的幾點是你應該掌握的：

1.教育寶寶時要心平氣和。

2.耐心地傾聽寶寶的話語，等他把話說完後，再進行提問或發表意見。

3.平時經常鼓勵寶寶，當他說得又完整又流暢時，哪怕只是一個句子，也要即時地給予表揚。

4.盡可能引導寶寶放慢說話的速度，語速不要過快。

5.教會寶寶在說話時盡量放鬆。

6.寶寶在學說話時，教導他不要隨便停頓，掌握說話節奏，不要隨意說自然句或者中間停頓斷句。

（3）親子說話法

適用症：輕度辭彙貧乏、輕度咬字不清。

知道嗎，你對寶寶說話的一大意義就是讓寶寶累積大量的語言。在寶寶成長的不同年齡階段，他主要透過三種言語方式來累積語言：

1.兒向言語

在0～1歲這一年齡階段，一般都是你講得多，寶寶講得少。這個時候，你應該盡可能地對寶寶多說話，給他一個盡可能豐富的輸入和累積過程。

2.目標言語

在大人和寶寶共處的場合，大人和大人之間的交流往往比較方便愉快。但這個時候，你千萬不要忽略寶寶，應該讓寶寶也參與大人的談話。

3.寶寶言語

當你和寶寶說完話，都應該給寶寶一個單獨思考、獨處的空間。這個時候，寶寶可以避免許多無關的刺激、干擾，一個人思考、回味。這也就是爲什麼教育學家提倡讓寶寶睡前聽故事的原因，這樣可以讓寶寶沒有後續干擾，直接加強寶寶傾聽後的記憶力。

（4）「人工合成夥伴」法

適用症：輕度辭彙貧乏。

如今的少子化，寶寶往往缺乏溝通與交流的同齡夥伴。因此，你要留心為寶寶找「人工合成夥伴」，換句話說，就是要盡可能製造機會，多讓寶寶和其他小朋友在一起交流、玩耍。

比如，你在參加公眾場合的宴會、聚會的時候可以帶寶寶一起去；在例假日，讓寶寶到小朋友家去做客，或者邀請小朋友到家裡來玩，你也可以帶寶寶去買東西、邀約幾個有寶寶的家庭一起出遊……在這個過程中讓寶寶學會與人交流，消除膽小、害羞的心理。

（5）強化糾正法

適用症：假性口吃、輕度辭彙貧乏、輕度咬字不清。

打拍子。你可以在寶寶的身上或者手上有節奏地輕輕拍打，透過讓寶寶感受「節奏」，訓練他掌握說話時的抑揚頓挫。

讓寶寶練習繞口令。使寶寶的咬字發音得以強化，並對容易發音混淆的語詞進行辨析。

給寶寶閱讀散文、文學作品和詩歌。這可以讓寶寶從小就多方面地感受文學作品中表達的韻律感和節奏感，同時透過不斷豐富寶寶的辭彙、感受正確的發音，增強寶寶的語言運用能力。

　　鼓勵寶寶造句。讓寶寶經常性地進行口頭造句練習，如讓寶寶用「動聽」造句等，訓練並強化寶寶的敘事性描述（敘述能力）、說明性講述（說明能力）和議論性講述（思辨邏輯能力）這三種語言思維方式。

　　讓寶寶接受電子文化、參與電子學習（E-learning）。其實，你沒有必要讓寶寶完全迴避視聽學習、錄音電視、網路、畫面和音樂等。只要你引導得當，就可以透過這些電子媒介，讓寶寶自己參與學習，成爲學習主體，並在電子學習中接受情感的共鳴。

　　注意：如果經過以上矯治，還是不能使寶寶的情況得到緩解，那麼請帶寶寶去醫院，尋求專家的幫助。

第二十六節 寶寶3歲的語言「充電站」

人們說，3歲的寶寶對語言充滿著無限的渴望。這是什麼原因呢？因為緊接著2歲之後，寶寶又一次處於語言能力爆發性成長的時期。因此父母們必須盡可能把更多的語言給予寶寶。

首先，父母們必須注重在日常生活中盡量多對寶寶講話，就像對大人一樣，用正確且條理清晰的語言對寶寶說話，使他能夠由此產生邏輯性的思維。

比如，不要用訓斥的語調對寶寶嚷嚷「給我安靜一點」，而可以換一種說法：「媽媽正在打電話，你要安靜一點。」這樣，寶寶便會明白必須安靜的理由。再比如說：「把傘也帶去吧，天氣預報說今天有雨。」我們應該用這種有條理的方式對寶寶說話。

雖然有的話說起來當時感覺會有一定的難度，但寶寶會不知不覺地聽進去。某一天，他會在一個恰當的場合，很貼切地說出這句話來，讓父母大吃一驚。

在父母毫無察覺、毫無目的的時候，寶寶也會學到東西。所以，如果父母經常給寶寶正確、豐富的語言，寶寶的語言能力就會進步得更快。反之，如果極少對寶寶說話，則有可能帶出一個沉默寡言、智力發展遲緩的寶寶。

除了對寶寶說話，還應多給他唸圖畫書。寶寶是非常喜歡讓大人給自己唸圖畫書的，一天給他唸五本也好、十本也好，只要他希望的話。還有，帶寶寶到圖書館去，讓他找出自己喜歡的書，並幫他借回家看。在寶寶3歲的時候，讓他養成這個習慣。

給寶寶唸大量的書，能使他理解和累積豐富的辭彙。事實上，提高寶寶的語言能力，沒有比唸圖畫書更好的了。順便說一點，培養寶寶對文字的興趣，並使他自發地產生想讀書的願望，這也是再好不過的事情。一般說來，3歲寶寶正處於文字的成熟期。

在這個時期，有的對文字非常感興趣的寶寶，即使你不去管他，他也會主動來問母親：「這個字怎麼唸？」這麼問來問去，不知不覺地就把一本書全都記住了，竟然一本接一本地看起來。現在，要去找一個能夠自己看書的3歲寶寶，已經不是一件很困難的事情了。

被稱為德國早期教育領先人物的慕尼黑大學的留凱爾教授，他以心理學的實證資料為依據，得出了寶寶的讀、寫活動可以從2、3歲開始的結論，並且主張付諸實踐。

另外，對於有關數的概念的學習，留凱爾教授也闡述了同樣的看法。根據他的論述，學習的適應期與其說是在5、6歲，倒不如說是在2、3歲更合適。如果不把這段時間有效地利用起來，而是讓它白白度

過，將不利於寶寶能力的發展。

人們發現，在寶寶2、3歲的時期裡，如果沒有養成對文字的好感，那麼到了5、6歲時，寶寶對文字就不會顯示出多大的熱情，學習文字的能力也很低下。要是在寶寶半歲左右就開始唸圖畫書給他聽，養成每天和父母一起看書的習慣，那麼到了6歲時，他肯定會對文字表現出興趣來。

「這本書裡的故事可好看了，可是媽媽現在太忙，沒空唸。要是你自己能認識字該多好啊！」母親如果對寶寶這麼說，就有可能誘發出他想自己來認字的願望。像這種自然地喚起寶寶對文字的關注的做法，是極其有效的。一旦他真的用心認起來，很快就能把一本書記住。

早早地培養寶寶對文字的讀、寫能力，將會把寶寶的思想引導到更高的層次，他的天地將會變得更加寬廣，同時，一種對自己無法親身經歷的事情和境界的理解能力也會從此培養起來。

美國的喬森‧奧克納博士說：「國語的能力是與社會地位的高低、收入的多少成正比的，並且也與在校學習的成績成正比。」也就是說，幫助寶寶獲得良好的閱讀能力，等同於賜予了他一筆豐厚的財產。

不過我們必須知道，讀書的習慣，如果超過六歲再培養將會很困難，但若是從3歲就開始培養起來，則會變得非常輕鬆。

那麼，3歲的寶寶究竟喜歡什麼樣的書呢？正如一般人所想像的那樣，妖魔鬼怪的故事並不是寶寶最喜歡的。寶寶對那些發生在自己身邊的、與日常生活密切相關的故事更加感興趣。給寶寶買書時，還是挑一些有關寶寶自身題材的圖書吧！其實，如果在圖書館裡讓寶寶自己選擇圖書的話，這一類書被選中的可能性最大。

第二十七節 避免讓「兒化語」限制寶寶的語言發展

寶寶長到1歲左右的時候，因爲他們的語言發展處於單詞句階段，常常會發出一些重疊的音，如「抱抱」、「飯飯」等，結合身體的動作、表情來表達他們的願望。如說「抱抱」時，他雙臂張開面向媽媽，表示要媽媽抱。而寶寶長到1歲半以後，能用兩、三個片語合在一起表達意思，進入多詞句階段。開始時，能把兩個詞重疊在一起，如「媽媽抱」、「吃餅餅」等。快到2歲時，出現了簡單句，能較準確地表達自己的意思。如能說出「媽媽抱寶寶」、「寶寶吃飯飯」等。在這些發展階段中，寶寶用的都是「小兒語」即「兒語」，這是因爲他們的語言發展限制了他們準確地表達自己的意思。有些大人因此認爲寶寶只能聽懂這些「兒語」，或者覺得小兒說「兒語」很有趣，所以也用同樣的語言和寶寶講話。比如寶寶見到了小狗說「汪汪」，而父母則也用說「汪汪」來繼續教或強化寶寶的兒語，這樣做很可能會拖延寶寶過渡到說完整句子的時間。

現在無論在家庭教育，還是在幼稚園教育中，都普遍存在著一種慣用「兒化語」的現象。幼稚園的老師習慣對寶寶輕聲細語：「知道了嗎？」、「好不好呀？」父母們更是怕自己的話寶寶不能理解，或者故作親暱，對寶寶說一些諸如「睡覺覺」、「吃飯飯」之類的話。

殊不知常常使用這種「兒化語」，對寶寶的智力和性格的發展都

會產生很大的影響。據專家研究發現，寶寶的大腦發育很快，他們的求知欲很強，學習語言的積極性也很高，專家們認爲，寶寶時期有特別驚人的語言學習能力。因此，我們應當滿足寶寶這方面的要求。如果對寶寶老是使用他們早已習慣了的語言，讓他們習慣於不需要多做努力的語言環境中，那麼他們潛在的智力就得不到激發，長期下來，潛在能力也會因長期被壓抑而難以發揮。比如說夏天的天氣熱，不光要對寶寶說「夏天天氣眞熱」，而是可以對他們說大人豐富多彩的語言「天氣熱得喘不過氣來」、「熱得汗流浹背」，儘管寶寶一時不怎麼明白，但這樣能喚起寶寶的聯想，激發他們的學習興趣，進而發揮他們潛在的語言能力。

經常用「兒化語」和寶寶交談，寶寶還會從中發現大人和自己說話，是和大人與大人之間說話不一樣的，寶寶無形中感知到自己是個小孩，這樣不僅會抑制寶寶的智力發展，而且會使他們失去相對的上進、創造的意識，以致產生自卑、怯懦等不良性格特徵，影響心理的健康發展。

第二十八節 教寶寶清楚、正確發音的技巧

寶寶的發音是具有多變性的，發音常常不穩定，比如說「很短」的時候發音很好，但是說「弟弟」的時候就發音不清。也就是說，寶寶發音錯誤的類型會受到不同語音的組合或是不同的語詞內容結構的影響，而表現在不同的方面。一般而言，歪曲音的情形比較常發生，也就是說寶寶可能一直是以那種方式發那個音，而省略音和替代音就會缺乏一致性。

（1）父母要給寶寶做出正確的榜樣。寶寶學習發音的主要途徑是模仿大人。父母發音清楚、正確，是寶寶學習正確發音的前提。寶寶在牙牙學語時，就開始跟父母學習發音了。父母在寶寶身邊發出的「唔」、「啊」等哄逗之聲，以及哼唱的催眠歌謠，都是給寶寶聽的，都是在訓練寶寶的聽覺。寶寶稍稍長大之後，就會學著父母發出某些音節。因此，父母的語音對寶寶學習發音影響最早，作用最大。要教寶寶清楚、正確地發音，父母就必須首先做到自己能正確地發音。

（2）父母要有意識地、耐心地教寶寶發音。父母在給2歲的寶寶講兒童書的時候，就可以一邊指著圖，一邊教寶寶說「小貓」、「喵」、「喵」，「小鴨」、「嘎」、「嘎」。讓寶寶透過說動物的名字、學動物的叫聲練習發音。對於3歲的寶寶，不但可以教他模仿大

人練習發音，還可以告訴他某些音是怎樣發出來的，並且讓他觀察父母發某個音時唇和舌是怎樣動的，然後讓他練習。

（3）父母可以帶領寶寶進行發音練習。如跟寶寶一同做「什麼叫」的遊戲：父母和寶寶分別拿著畫有不同動物的卡片，輪流出示卡片，要求對方模仿卡片上動物的叫聲。還可以教寶寶說些繞口令，使寶寶有興趣地進行練習。例如，寶寶發ㄓ、ㄙ、ㄗ等音有困難，就可以教他說繞口令「買柿子」：

小石、小志、小三、小四，

提著籃子買柿子。

買柿子，吃柿子。

吃到嘴裡甜絲絲。

（4）父母在教寶寶正確發音的同時，還要隨時隨地注意矯正寶寶的錯誤發音。矯正寶寶的錯誤發音要有耐心，不可急於求成，不可斥責寶寶，以免挫傷他們的自信心和積極性。同時又要堅持不懈，鼓勵寶寶進行練習。父母還要注意千萬不要重複寶寶錯誤的發音。

第三章 講故事是激發寶寶語言天才思維的手段

第一節 講故事是訓練寶寶想像力的體操

絕大多數寶寶都喜歡聽故事，透過聽各種類型的故事，可以啟發寶寶的想像力，擴大寶寶的知識領域，開闊寶寶的眼界，還有助於寶寶學說話，提高語言表達的準確性，有利於開發寶寶的智力。

那麼，怎樣給寶寶講故事呢？首先，應該選擇恰當的教材，因為給年齡不同的寶寶所講故事的內容也應該有所不同，父母應選擇適合寶寶年齡特性內容的故事講給寶寶聽。3歲左右的寶寶語言能力尚差，能懂得的道理有限，注意力持續的時間也短，所以應該選擇一些主題鮮明、情節簡單、篇幅短小、故事含意明顯的故事，使他們能聽懂、記得牢。也可以講一些動物、植物的故事。

4～5歲的寶寶大腦重量已達到大人大腦重量的95%，他們的思維能力增強，這時可適當增加故事的複雜性、曲折性、同時加大故事的容量，來增強故事的感染力和吸引力。比如講一些童話、神話、民間故事等。對再大一些的寶寶，故事情節應該進一步拉長，可以講些歷

史故事、成語故事等。故事選擇應做到知識性、趣味性並重，以滿足寶寶日益發展的好奇心和求知欲。

值得注意的是，給寶寶講故事，時間不宜過長，一般以10分鐘到20分鐘最好。講的時間太長，會讓寶寶感到疲勞，影響寶寶的情緒，進而收不到應有的效果。講故事一定要用生動形象的語言，因為處在寶寶期的寶寶缺乏接受書面語言的能力，講故事時用口頭語言來表達，會增加對寶寶的吸引力，激發寶寶聽講的興趣。對於故事裡一些難懂的詞或較長的句子，父母一定要換成寶寶容易理解的詞，把長句分解成短句，做到讓寶寶一聽就懂。

給寶寶講故事的時候，要把正確的思想教育放在第一位。讓寶寶接受故事中所蘊含的道德準則，進而產生相對的道德感情，樹立起模仿的榜樣。如「謙讓」是做人最基本的準則，如果父母用大道理來教育寶寶，寶寶是聽不明白的。但是如果換上「孔融讓梨」的故事，問題就會迎刃而解。

給寶寶講的故事要有針對性，父母要結合寶寶的性格特點，有意識地給寶寶講些有教育意義的故事。透過講故事教育寶寶如何為人處事。比如對於膽小的寶寶，父母可以多講些勇敢者勝利的故事；對於自私的寶寶，父母可以多講一些奉獻的故事；對於驕傲的寶寶，可以講一些謙虛者得益的故事；當寶寶撒謊時，可以給寶寶講「狼來了」

之類的故事，或誠實人受人稱讚、受人歡迎的故事；當寶寶有懶惰的行為時，可以給寶寶講「懶人吃燒餅」的故事等等。

　　給寶寶講故事，父母要調動起寶寶的積極性。比如在講故事之前，可以要求寶寶聽完後記住故事內容，在講完或講了好幾遍某一個故事之後，鼓勵他們用自己的語言複述故事中的人物和情節，以訓練寶寶的記憶力和語言表達能力。這樣寶寶也會感到大人們對他的重視，進而產生一種極強的表現欲而樂於開口。有時一個故事可以有意識地只講一半，讓寶寶自己去續編，這樣可以讓寶寶開啓腦筋，發揮和訓練寶寶的想像力；有時也可以和寶寶相互交替地對接故事。

　　心理學家說過：「講故事是訓練寶寶想像力的體操。」寶寶在聽故事的過程中，能夠學會語言，學會運用語言表達自己的思想感情。所以希望每一位父母都能夠掌握好講故事這門教寶寶學習語言的「藝術」。

第二節 讓故事開啓寶寶的智慧之門

　　世界上沒有不愛聽故事的寶寶，故事是寶寶認知世界的一扇窗口。故事中豐富奇特的想像和大膽的誇張，是深深吸引寶寶的關鍵所在。講故事是對寶寶進行早期教育和訓練的一種非常好的形式，是開啓寶寶智慧之門的一把鑰匙。然而講好故事，能夠做到讓寶寶愛聽，也是一件不容易的事情，這其中也大有學問。

（1）父母要選擇合適的故事講給寶寶聽，寶寶才會喜歡。

　　根據寶寶的年齡選擇故事的時候，只有符合寶寶的年齡特點、適合寶寶理解程度的故事，才會讓寶寶感興趣。一般來說，2～3歲的寶寶理解力很有限，所以會喜歡以動物爲主角的童話，對故事內容的要求也是貼近寶寶生活的，所以父母可以選擇一些講述生活常識、規範寶寶行爲的故事，故事應該篇幅短小，情節簡單，辭彙盡量口語化。以後，隨著寶寶理解和思維能力的提高，選擇的故事內容可以漸趨多元化，比如思想品德、革命歷史傳統、自然科學常識等等，故事的情節要有起伏，辭彙可以使用淺顯易懂的書面語。

　　父母還要注意針對寶寶的個性選擇故事，如果發現寶寶個性上的不足，可以有針對性地選擇一些適當的故事，潛移默化地引導寶寶個性向良好的方向發展。比如：對膽小懦弱的寶寶，要多講些英雄勇士的故事；對粗暴霸道的寶寶，可以多講些謙遜禮讓的故事；對愛慕虛榮的寶寶，可以多講些頌揚內在美的故事。

　　父母還可以抓住教育時機選擇故事，比如寶寶犯了錯誤，有時直

133

接的批評會給寶寶造成心理壓力，或產生叛逆心理，強化錯誤行為。這時，如果藉助具有教育功能的故事，就能有效地避免負面影響，讓寶寶在輕鬆的氛圍中不知不覺地接受教育。

（2）講好故事要講究一些「小技倆」，寶寶才會被吸引。

父母講故事之前要做一些準備，比如：先瞭解一下故事的內容，熟悉故事的情節，以免給寶寶講的時候結結巴巴，沖淡寶寶對故事的總體印象，導致引不起寶寶興趣。

給寶寶講有實物的故事或有插圖的寶寶讀物，可以一邊讓寶寶觀察實物或插圖，一邊講給寶寶聽。

講故事的時候要注意發音正確，咬字清楚，速度適中，語調要抑揚頓挫，有一定的節奏。

還要盡量努力做到繪聲繪影，故事中人物的動作、思想感情，要透過手勢、聲調和臉部表情表達出來；講述人物對話時，要根據故事中人物特有的年齡、身分、性格來變換語氣，這樣寶寶會有身歷其境的感覺，進而被故事吸引。

在給寶寶講故事的時候，還要注意觀察寶寶聽故事時的反應，如果發現寶寶注意力不集中，要分析原因。如果因為講述時間過長，就趕緊結束；一時無法結束，可用疑問句暫停，激發寶寶下次再聽的興趣。如果有其他原因分散了注意力，可得用音調的高低變化，或稍加停頓，給寶寶一個聽覺上的刺激，進而引起他新的注意。

第三節 給寶寶講故事應注意的七種技巧

透過講故事，可以大大提高寶寶的語言水準，父母在講故事時，可以根據以下的方法，來讓寶寶更好地學習。

（1）佈置任務法。講故事之前交給寶寶一些任務。比如：記住故事主角及其主要特徵，瞭解故事的主要情節等等。讓寶寶帶著任務去聽故事，可以使他逐步學習根據需要，而不是僅憑興趣，把自己的注意力集中起來，有利於培養寶寶的有意注意。

（2）巧設疑問法。講故事時，可以利用故事內容巧妙設置問題，引導寶寶進行思考，調動思維的積極性。總是要有啓發性，能激發寶寶去動腦筋思考。難度要適中，讓寶寶在知識和經驗的基礎上，能透過思考做出回答。

（3）鼓勵提問法。問題是發展思維的起點，對寶寶的好問應加以鼓勵，並引導寶寶從故事中找出答案。還可教育寶寶透過查閱別的圖書資料、做實驗等方法來尋找答案。

（4）複述法。聽完故事之後要求寶寶複述內容大意，既可增強記憶力，又能提高口語表達能力，對思維的完整性和嚴密性也是一種較好的訓練。

（5）表演法。把聽過的故事透過肢體動作、言語、道具等表

演出來，可以使寶寶獲得情緒上的愉悅，也可幫助他加深對故事的理解。

（6）接續法。有些故事聽完以後讓人感覺意猶未盡，寶寶總愛追問「後來呢」，如果讓寶寶自己展開想像的翅膀把故事續編下去，他一定會興趣盎然。

（7）配音法。故事裡常常需要各種音響效果，比如：動物的叫聲、風雨聲、雷聲、流水聲等，可以讓寶寶模仿這些聲音參與到故事中來，幫助他進一步感知事物，同時豐富他的語言。

聰明的父母還可能透過觀察和實踐，自己創造各種訓練方法，只要你善於啓動腦筋，就一定能用故事這把金鑰匙，開啓寶寶智慧的大門。

第四節 讓講故事與唸兒歌緊密結合起來

寶寶們都喜愛聽故事。特別是到了2、3歲的時候，寶寶說話的積極性不斷高漲，獨立性也開始萌芽，已經不僅僅滿足於聽了，這個時候父母應該抓緊時機，開始教他們「唸」和「講」，只是這一點並不是每個父母都能做到的，因為這需要我們的父母一定要認真觀察自己的寶寶。

有些父母，將這個任務交給了托兒所和幼稚園，在家裡只熱衷於教寶寶背「唐詩」。從語言發展的規律來看，寶寶首先是理解詞意，然後才說出詞。要是不懂意思機械背誦，以後決不可能自然運用這些詞。既然生活中對唐詩裡寓意深刻的語詞運用機會少，那麼時間一久，就會忘卻。心理學家認為，凡是與寶寶生活無關的事物，不加以複習鞏固，會早早地遺忘。這就是為什麼許多父母不能堅持到底的原因。如果在空餘時間，根據寶寶年齡特點，多教些兒歌，讓他們學講故事，能使寶寶的聰明智慧，從各個方面展露出來。

教寶寶唸兒歌，一要選材適度，二要引起「興趣」。所謂適度，就是不要太難。寶寶一般到1歲半開始，才逐漸學會說些簡單句，有人稱為「電報式」語言。這年齡宜選一些重疊音，每句3～4個字，每首為2句的兒歌，如「排排坐，吃果果，托兒所，朋友多」。2～3歲的寶寶，辭彙數量增長迅速，可選每句5～7個字，每首6句的兒歌。3歲可念6～7個字，每首6～8句的兒歌。

　　超過寶寶可能適應的範圍，無論如何豐富，也不能促進智力開發。太難的內容反而使寶寶失去興趣和信心，不願跟著學與唸。

　　如何使寶寶對所教的兒歌產生興趣呢？生動形象是吸引寶寶的一個主要手段，教的時候，可以透過誇張的動作，或用手摸玩具、實物等，有節奏地邊演邊唸。稍大的寶寶，所學的兒歌有一定的難度，這是因為兒歌本身受韻律、節奏和字數的制約。為了幫助寶寶理解意思，便於背誦，最好把兒歌的內容編成一個短小精簡的故事。總之，讓寶寶產生興趣，樂意一遍又一遍地唸，甚至自言自語地唸個不停。

　　教寶寶學講故事，一般在2歲半左右比較合適。開始的時候，可以買些色彩鮮豔、圖文並茂、短而薄的圖畫故事書。大人翻一頁，講一頁，讓寶寶看著圖學講一段（用寶寶自己的語言來講）。每段複習過

後，可用啓發式，在大人的提示下，逐漸連貫地把故事講完。配合CD的有聲讀物，是3、4歲寶寶學講故事的好教材。當有聲有色的話語，伴隨著美妙動聽的音樂，將寶寶帶到幻想中的動物世界、古老的宮殿，他們會完全忘卻自己，一遍一遍地再次去聽。聽熟了以後，也就自然地能將故事複述出來了。

　　要培養一個聰明的寶寶，千萬不能急於求成。父母不妨試試，吃飯前後，放放CD，講講故事，唸唸兒歌，使寶寶的語詞得到充分發展，同時也開拓了智慧。

第五節 讓寶寶學會講故事

有的父母非常善於教寶寶講故事，因而他們的寶寶也就格外聰明，年齡稍大一些後，掌握東西也較快。他們有什麼秘訣嗎？

首先，這些父母給寶寶講故事的時間都比較早。當寶寶還在媽媽肚子裡的時候，許多父母就和他講話、講故事，父母的聲音能使寶寶平靜下來。有實驗證明，孕婦給6個月以上的胎兒講故事，寶寶出生後兩天左右就能對同樣的故事做出反應。

其次，注重品質，而不是數量。不要給寶寶設置專門的「閱讀時間」，尤其在寶寶1、2歲時。每次時間不必太長，每天僅一刻鐘的快樂的故事時間就足夠了，關鍵是品質。在讀書的內容之前，可以大聲地宣讀一下題目和作者。

再次，也就是我們前面談過的，要注意內容選擇。重要的是要選擇寶寶喜歡看的讀物，而且一般寶寶能聽懂的東西要比能讀懂的內容深一些，因此父母可別以為正在看一級讀物的寶寶就聽不懂四級讀物的內容。

還有就是不要只是坐在那兒死板板地讀，要描繪出故事的畫面。即使沒有插圖，父母也要努力向寶寶描述自己頭腦中的情景，這樣會使你講的故事更加生動，富有吸引力。

可以反覆地講，許多寶寶都樂意聽重複的故事。有時間的話，可以背下故事的一段情節，哪怕僅是重複某些形容詞或詩。

最後就是要有耐心。傾聽的能力和讀、寫的能力一樣，也是必須透過學習來培養的，因此，在給寶寶講故事的時候，一定要有耐心，但對於注意力容易分散的寶寶，也不能太縱容。可以允許較小的寶寶在聽故事時繪畫或塗鴉，因為或許他正在描繪所聽到的故事呢！

4歲以後，不同的寶寶講故事的能力會有很大的差異，有的寶寶講故事時能講清楚前因後果，把情節交代明白；有的卻只能回答「這是什麼」之類的簡單問題，不能從頭到尾敘述一個完整的故事；有些進步快的寶寶則開始帶有表演性，講起故事來有聲有色，用細尖嗓子學小孩和小動物說話，用粗嗓子和兇惡的表情來表演像熊一樣笨重的動物，還會邊講邊做動作。造成這種差異的原因也許不在寶寶而在父母的教育方式。解決好以下的問題對寶寶是很重要的：

給寶寶讀什麼樣的故事？有些父母給寶寶講故事時很少用原版的故事書，故意把故事簡單化，擔心太複雜了寶寶會聽不懂。事實上寶寶在語言學習上的潛力是驚人的。原版書中辭彙很豐富，情節也比較完整，為寶寶朗讀這樣的故事是培養寶寶語言才能的一種良好方式，它既訓練寶寶的記憶力，豐富寶寶的辭彙，還可以啟發寶寶豐富的想像力，讓寶寶喜歡欣賞文學作品和樂於接受文學作品。

怎麼讀？有一位媽媽習慣睡前給女兒讀故事。她經常用一種平和但有些孩子氣的語氣來給寶寶讀故事書，女兒總是聽著聽著就睡著了。這也恰恰就成了她的女兒不會講故事的原因，因為讀故事和講故事是不同的。給寶寶講故事時應聲情並茂，這樣寶寶才能學會每一句話的語氣和每一個動作的表現方式，使故事表演富有遊戲性，引起寶寶對講故事的興趣和欲望。

寶寶學會講一個故事的過程是複雜的。要經過聆聽、理解、記憶、複述四個階段，如果你認為寶寶只喜歡新鮮的事物那就錯了，至少在聽故事上不是如此。寶寶對他喜歡的故事總是百聽不厭。為寶寶選擇故事作品時有一些較長的原版的故事可以做為欣賞作品。而一些長短適宜的作品則可以做為講故事的素材。這樣的故事要為寶寶反覆講述，直到寶寶耳熟能詳為止。寶寶只有在記憶的基礎上才能複述、想像和創編故事。

如何讓寶寶學會講故事呢？要根據寶寶的年齡來進行指導。對於2歲左右的寶寶，可以讓他看故事書中的插圖來回答一些簡單的問題。如：「這是誰？」、「它在做什麼？」等等。對於3歲的寶寶，給他講故事時可剩下一個小「尾巴」，讓寶寶自己動腦子想以後會發生什麼樣的事情，然後用語言表達出來，到寶寶4歲時，可以讓他自己複述聽過的故事，或者讓他看著書中的插圖去猜故事的內容，自己先講一

遍，然後父母再做補充。同時還應該讓寶寶把事情發生的前後順序和因果關係講清楚，幫助寶寶理解故事的內容。這時寶寶才能將感情注入情節之中，表現出對善良與美好的同情，對壞和醜惡的譴責。5歲的寶寶已經認識一些簡單的字，可讓他們自己閱讀並講述故事的內容，有困難時再給予指導。表情豐富，能用不同聲調表示不同的角色，也是對5歲寶寶講故事的要求。但是以上這些要求父母都別忘了先給寶寶做一個良好的示範，以使寶寶有模仿的榜樣。

在寶寶學習講故事的同時，還要鼓勵他進行表演，進而培養寶寶運用語言和動作創造角色形象的能力。父母可為寶寶準備一些簡單的道具。例如表演「漁夫和金魚的故事」，父母可讓寶寶扮演金魚，爸爸扮演可憐的漁夫，媽媽扮演貪婪的漁夫的妻子。表演成功後再互換角色。父母可以充當「劇」中的導演，幫寶寶分析每一句話和每一個動作，使表演富有遊戲性，又有豐富的情節。經常做這種表演遊戲，可使寶寶學會用不同的表現方法處理不同的角色，不僅訓練了口才，又培養了表演才能。

第六節 給寶寶講故事應注意創新

（1）寧可重複精品，而不求多求新。

　　故事書上如果有好看的圖畫，當然是父母「開講」的必須條件。父母必須選擇有趣好玩的、幽默樂觀的、現實生活氣息濃郁的內容講給寶寶聽。比如《大方的熊爺爺》是如何將身上的一件件衣服脫給了各式各樣的小動物，給牠們搭涼棚啦，建倉庫啦，最後打赤膊只剩下一條小短褲在身上，也不好意思出門去做客了；《玉米爆炸了》裡的老狼如何不勞而獲貪婪霸道，搶佔松鼠們種的玉米，結果讓坐在屁股底下的一袋玉米因捂久了太熱，一下爆炸，將老狼獨自炸翻在地……簡單的善惡觀透過形象的故事，在寶寶小小的心裡一點一點紮根。這些精美的故事，寶寶會要求「再講一遍嘛！」這時可一再重複好的故事，而不要聽新的一般的故事。父母們也會有體會，所謂特別優秀的東西，那一定是在比較中得來的，而最後，只有它們能夠在你的心裡留下來。所以，給寶寶講重複的故事不是浪費時間，而是深深浸染，細細品味。

（2）自己創作，講述關於寶寶自己的故事。

　　自編故事是針對著寶寶的心理來的，讓寶寶慢慢接受、適應生活中的變化，有自己的參與感。還有重要的一點是，讓寶寶自己做主

角。可以選取寶寶在幼稚園的經歷為題材，編寫「幼稚園系列」等，在每天睡前講。讓寶寶是主角，故事內容是針對他當天良好的表現現編的。正確表揚與鼓勵和發現他的優點最利於寶寶健康成長。

（3）留下一點點懸念。

《快樂王子》、《夏綠蒂的網》是那種淒美傷感的故事，寶寶也許不能理解。每次讀完了它們，如果妳說：「媽媽真感動啊！」寶寶就揚著他天真的小臉，問：「媽媽，感動是什麼意思啊？」「感動就是……就是太喜歡的意思。」寶寶也許還是不能完全體會。

越是好的故事，意境越是無窮的。以一個小寶寶的智力是不可能百分之百懂的。但沒有關係，一點點疑惑一點點懸念，正促成他的求知欲，是成長的催化劑。當他看到媽媽唸《快樂王子》時臉上有他不理解的淚花，他一定會覺得好奇怪，好奇就是人生的味道。

第七節 鼓勵寶寶自己編故事

想要讓寶寶學好語言，同時為寶寶今後上學寫作文打好基礎，父母可以鼓勵寶寶在聽多了故事之後自己編故事。編故事可以讓寶寶在編的過程中學習語言，發揮想像力，開拓思維。因為寶寶時代是充滿幻想的時代，也是培養想像力的重要時期。想像力會為寶寶學習語言插上創新的雙翼。

在日常生活中，有很多可以讓寶寶編故事的機會。比如看了書、看了電視，受到了一些啟發，外出旅遊、家裡來了客人有了一些感觸，都會讓寶寶不由自主地產生編故事的願望。寶寶本身就具有十分豐富的想像力，透過編故事，會進一步培養寶寶組織語言的邏輯思維能力。

比如，有個寶寶很喜歡看關於大自然的節目。在看了「草原上的故事」之後，對草原上的羚羊的生活很感興趣，很同情牠們的遭遇。於是就會和父母交流，說自己想如何保護羚羊，這時就可以鼓勵寶寶，想像一下如果他到了一望無際的大草原，會如何保護羚羊呢？會與草原上的動物發生什麼故事呢？

寶寶在編故事的過程中，經常會把自己當作故事的主角，從自己的角度看世界，從中寄寓自己對自己理想中形象的描繪，這時，父母一定不要打消寶寶的積極性，要鼓勵寶寶去想像，鼓勵寶寶更多地去想、去編故事。

第四章 學識字是激發寶寶語言天才思維的動力

第一節 寶寶早期識字應該注意的問題

　　現在許多家庭都在進行寶寶早期識字教育，但大家出發點卻是有所不同的。有的是為入小學做準備，希望提前識字能使寶寶入學後成績優異；有的是以早期大量識字來造就「神童」；有的是透過早期識字來開發寶寶的智力等等。不同的出發點必然導致不同的做法，獲得的效果也就不一樣。有些早期識字的寶寶入學後並未能保持多久的「優勢」，反而產生了厭學情緒，影響了學習的積極性；有些所謂識很多很多字的「神童」，畸形發展，犧牲了一些更可貴的東西；而有的識過字的寶寶不但知識面開闊了，而且還培養了好學、勤學的素質和習慣。可見，關鍵在於要把握好早期識字的著眼點。因此，早期識字應掌握好以下三點：

　　（1）著眼於啟蒙。早期識字教育不是為識字而識字，不是為灌輸知識而識字，識字只是一種手段，其目的應是對寶寶進行智力啟蒙。因此，在教寶寶識字的過程中，父母要著力於發展他們的注意力、記憶力、想像力和思維力。對寶寶日後的發展來說，這些能力的獲得，

要比識字本身更有意義。

（2）著眼於情感。不少識字教育只注意寶寶認了多少字，而忽略了識字教育的一項非常重要的目標，就是培養寶寶對文字乃至對辭彙、對語言的那種愉悅感。如果寶寶喜歡文字，樂於自己去翻書，那樣不但有利於當前的識字教育，而且對他日後的學習也會發生積極的作用；反之，雖然識了字，卻對文字無興趣，甚至抱有反感，則會對今後文字學習產生消極的影響。從這個意義上來說，寶寶對文字是否有興趣，是衡量早期識字教育成功與否的標準之一。

（3）著眼於全面發展。早期識字教育是有意義的，但它只是早期教育中的一部分，且不是最重要的部分，不能只抓一點，不顧其餘，顧此失彼。然而，目前有些極端化的識字教育，眼睛只盯住識字而忽視了其餘，這是捨本逐末的下策。寶寶期最重要的培養目標應該是讓寶寶得到全面、和諧的發展。識字教育不能游離於全面發展教育之外，更不能有損於全面發展的教育。對寶寶的識字教育也應該是讓他們全面發展教育中有極積意義的一環，應該與各項教育起到積極的交互作用。

第二節　讓寶寶在「悅」讀中識字

上小學的寶寶如果遇到識字有困難的問題，其實是對語言學習的興趣、習慣和方法問題，在寶寶時期，如果幼稚園和家庭能重視科學的早期閱讀培養，這個問題就能避免。

如何讓寶寶在「悅」讀中接觸漢字呢？父母們還是要從讓寶寶「玩」中開始。玩是寶寶的天性，玩具則是寶寶的最愛。把書做為一種特殊的玩具帶進寶寶的生活，變閱讀為「悅」讀，透過「悅」讀不斷為寶寶提供文字刺激，讓寶寶在喜歡書的同時經常接觸漢字，寶寶就會漸漸對漢字產生興趣。

很多父母和老師往往把早期閱讀等同於識字教育，以識字多少來衡量寶寶的閱讀水準，片面地、單純地追求寶寶的識字效果，不僅會出現「識字多多，不會讀書」的現象，還會扼殺寶寶的閱讀興趣，致使寶寶見字就怕。因此，應當根據寶寶的年齡特點，先讀書，後識字，讓寶寶由對漢字的興趣轉變為識字需求。

讓寶寶儘早識字和閱讀，對培養寶寶的學習興趣有益而無害。中國識字教育長期落後於寶寶的智力發展，並出現了小學生不能閱讀、不會閱讀、沒有興趣閱讀等現象，所以如果識字早，有利於寶寶閱讀興趣的培養。

　　當然，在教寶寶識字時，應該盡量創設語言環境，透過兒歌和故事短句幫助寶寶更好地掌握字音和字形之間的練習，而不是簡單機械地識字，否則效果可能適得其反。

第三節 教寶寶識字要克服急功近利的心態

曾有日本學者認為漢字最能訓練圖形智力，因此他曾經在日本做過一個實驗，在幼稚園裡有意識的教小孩認漢字，他的方法是：每天讓寶寶唸一首中國詩，只唸十分鐘，便掛在教室後面不管，明天再換一首。三年下來，一個幼稚園大班的寶寶，可以認得一千多字，比日本高中學生還多。

寶寶認字的規律就是，起先是會認不會寫，會讀不會用，但這都不要緊，等長大了，理解力提高了，自然會認就會寫、會用。但是有的父母的教育觀念認為，每教寶寶一個字就要寶寶會寫一個字、就要會用這一個字，才算學會。其實這是強寶寶所難，所以老半天也教不好一個字、一個詞。最後，認為既然不會寫、不會用，就是不懂，不懂就不要教。這樣父母教得很吃力，寶寶也學得很痛苦，不知錯過了多少時機。

原來人類有兩大學習能力，即記憶力和理解力，記憶猶如電腦資料的輸入和保存，理解猶如程式的設計和應用。沒程式空有資料，則資料是死的，沒資料空有程式，程式卻是虛的。二者缺一不可，但記憶力和理解力在人生成長過程中的發展曲線是不同的，依據人類學家和心理學家的研究，一個人的記憶力發展是自0歲開始，1至3歲即有顯著的發展。3至6歲，其進展更為迅速，6至13歲，則為一生中發展的黃

金時代，至13歲爲一生記憶力之最高峰，以後最多只能保持此高點，往往20歲以後，心境一不平衡，便有趨下的可能。而理解力的發展，與記憶力大有不同，理解力也是自零歲開始醞釀，1至13歲總是緩慢上升，13歲以後方有長足之進展，18歲以後漸漸成熟，但依然可因爲經驗及思考之磨練而一直有所進步，直到老死爲止。（如圖）

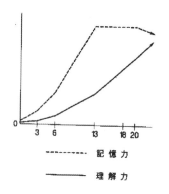

我們現在提倡寶寶教育，即是要利用寶寶時期的記憶力，記下一些永恆的東西。反覆誦讀，因爲寶寶天生喜好背書，背書是他們的拿手好戲，你不準備些有價值的書讓他們背，他們就只好背小學課本，甚至背電視廣告。而且在其記憶力正發展的時候加以訓練，其記憶能力會達到較高的頂峰，一輩子維持在較高的水準上，一生都受其益。過了這個時機，永無翻身之地。好像一個弱視的小孩，過了15歲，就無法再訓練了，所以父母一定要注意，教寶寶識字，勿錯過了時機！

第四節　教寶寶識字應忌諱的事項

　　寶寶到了3歲，興趣會變得十分廣泛，可以喜歡堆積木、拼拼圖，也可以喜歡玩球，也可以喜歡畫畫，也可以喜歡識字，但並不是只有對文字感興趣才好。照我們的教育制度來說，上小學再學認字也不為晚。不過，父母喜歡寶寶早一點識字，看懂幾本小圖畫故事，也未嘗不可。

　　教寶寶識字，最忌諱以下幾點：

　　第一，要用平常心，不要非識多少字不行，更不要和鄰居或幼稚園同年齡小朋友比，比不上，就羞辱寶寶，傷及他的自尊心。

　　第二，把識字當作遊戲，不當作任務，不設定量，能認多少算多少。

　　第三，先從聽講有字的圖畫書入手。父母和寶寶一起看圖畫書，逐漸過渡到一起讀每一頁上面的句子，這時只要他跟著看、跟著說，不一定要一個字一個字地教。

　　第四，待寶寶有一點「字」的概念以後，再用識字卡。一般來說，識字卡最好有同樣的兩套，正面是字，反面是圖，以圖帶字，從圖過渡到字，比較容易。先識的是常見物的名稱，然後是動詞，再者是其他詞類的字。

第五，字學到200個左右時，可以拼成詞，再合成句子。比如：西、瓜、西瓜、吃西瓜、我吃西瓜。

第六，在他有興趣時教，不要勉強，一勉強反而適得其反。

第七，家裡最好有人愛讀書，這對他很重要。如有人愛看報也好，可以在書上、報上找他認識的字讓他看，他會很感興趣，這對加強他的識字意識很有好處。

第五節 引導寶寶主動識字

興趣是最好的老師。學習的內容是寶寶感興趣的，寶寶自然就樂意去學，即使不叫他去學習，他也會自覺去學、主動去學。父母們可以採用以下方法來調動寶寶識字的興趣。

首先，選擇合適的教材，營造輕鬆愉快的識字氛圍。教材的選擇一定要富有寶寶喜愛的情趣，能夠為父母的教學創造很好的條件。比如選擇一些以寶寶喜聞樂見的兒歌形式出現的書，內容要通俗易懂，語調要朗朗上口。也可以選擇簡短的以識字為內容的連環畫書，給寶寶講完故事，學習其中的漢字。或者買一些畫面生動的識字掛圖、畫書或卡片等，來調動寶寶的學習積極性，使寶寶在愉快的環境中輕鬆識字。

可以利用寶寶的生活經驗，將識字和生活、識字和認識事物相結合。讓寶寶學習「黃牛」、「花貓」、「鴨子」、「小鳥」等詞，再讓寶寶觀察本課掛圖，把語詞貼在圖中對應的事物的旁邊，這一形式可以有效地激發寶寶的學習興趣，並鞏固生字。

也可以採用直觀教學方法，化抽象為形象。採用直觀的教學方法可以吸引寶寶的注意力，幫助寶寶加深印象。在生字教學中，簡筆畫的應用可以很好地表現漢字的象形特點，有效幫助寶寶記憶生字。

比如在教學「鼠」字時，隨手在紙上畫出一隻露著尖牙的老鼠，看了圖，再來記「鼠」字，既輕鬆，又有趣。

創設豐富多彩的學習情境，讓寶寶在玩中識字。比如帶寶寶到郊外去呼吸新鮮空氣，邊欣賞美麗的景色，邊識字，郊外的一草一木、一花一樹，都可以成為活生生的教科書，讓寶寶在無比童趣中學到知識。

第六節 教寶寶識字的幾種方法

（1）直觀演示法：父母可以根據寶寶好奇心強的特點，指導寶寶看圖畫、電視錄影、實物等，這樣既可以激發寶寶的學習興趣，使寶寶注意力集中，把無意識記變為有意識記，又可以把枯燥無味的識記變為形象的識記，收到記得快、記得牢的效果。例如教的內容是一些動物的名字，分別有鳥類、獸類、昆蟲類等，把這些動物出示在畫面上，這樣可以馬上吸引寶寶，使他們很想知道這些動物的名字是怎樣寫的，進而使寶寶集中精神。又如識字。教一些蔬菜的名字，上課前，可以準備好這些蔬菜，每教一種蔬菜，都出示實物讓寶寶看，寶寶熟悉的，就先讓他們說出名稱，再出示生字；寶寶不熟悉的，可先出示生字，再出示實物。有實物看，激起寶寶的興趣，加強了寶寶的直觀識記。實驗證明，直觀演示法識字，寶寶的印象特別深，掌握的生字比較牢固，學習效果較好。

（2）遊戲法：識字的「機械化」，枯燥無味，很容易引起寶寶的厭煩情緒，進而影響學習效果。在教的過程中，父母可以用各種與生字聯繫起來的遊戲，引起寶寶的學習興趣，激發寶寶的學習積極性，進而有效地提高識字教學的品質。例如：

1.找朋友。把生字卡發到寶寶的手中，爸爸拿著「放」字說：「我是『放』，誰和我做朋友？」另一個拿著「學」的媽媽馬上出來和「放」合在一起，說：「我是『學』，我和『放』組成『放

學』。」讓寶寶讀「放學」。

2.摘水果。先畫出不同的水果，父母讀哪個字，就讓寶寶把帶有這個字的水果摘下來，然後用這個字組詞。

3.動物找食。貼上帶有漢字的食物畫，如：小蟲、竹葉、青草、蘿蔔，又在另一處貼上幾種帶有漢字的動物畫，如：青蛙、熊貓、山羊、小白兔，讓寶寶分別讀出各種動物和各種食物的名稱，然後幫助動物找出牠們各自喜歡的食物，相對應地貼在一起。

（3）比賽法：寶寶好勝心強，一提起比賽，他們就興致勃勃，所以在識字時，穿插一些比賽，能提高他們的學習效果。如開火車比賽，讓寶寶和小夥伴一起，學習了生字後，開兩列火車比賽，看誰讀得又快又準，就評出哪列火車開得又快又好等。

（4）情景法：在識字教學中，透過簡筆畫、動作、語言等，創設情景，使漢字與事物形象地聯繫起來，能有效地提高識字效率。如教「哭」字時，寶寶比較容易漏寫一點，父母可以出示一幅小妹妹哭的圖畫，再讓寶寶用簡筆畫畫出她哭的樣子，父母指出「哭」上兩個口表示眼睛，一點是哭的眼淚。這樣，寶寶寫「哭」字時，就會想到這滴眼淚，就不會漏寫這一點了。又如教「跑」、「跳」、「推」等字時，可讓寶寶做做這些動作，體會這些字的部首與意思的關係，進而記住這些字的字形。

第七節　巧用識字卡

　　很多父母在寶寶剛會說話時，就買回許多識字卡，開始教寶寶識字。識字卡的設計方式是一面是漢字和注音，一面是圖畫的「三位一體」法，可以說這種識字卡對寶寶識字是有很大幫助的。但是，運用識字卡不應僅僅停留在識字這一點上，因為它還有其他的很多妙用。

（1）運用識字卡片對寶寶進行認知自然的教育

　　比如父母可以把螞蟻、蟋蟀、知了、蟈蟈、蠶、老虎、猴子等卡片放在一起向寶寶提問：「什麼蟲爬？（螞蟻）什麼蟲跳？（蟋蟀）什麼蟲樹上唱？（知了）什麼蟲草裡叫？（蟈蟈）什麼蟲月月換外套？（蠶）誰把尾巴當棍子？（老虎）誰用尾巴做繩子？（猴子）誰把尾巴當凳子？（袋鼠）誰用尾巴做被子？（狐狸、松鼠）誰把尾巴當撣子？（牛、馬）」讓寶寶在尋找卡片的過程中認知這些昆蟲、動物的特徵。

　　父母還可以把河馬與馬、騾與驢等圖片混在一起，讓寶寶辨別清楚河馬與馬等不同的特點、不同的使用價值以及不同的生活環境。

（2）根據識字卡編故事

　　根據卡片的字畫，父母可以和寶寶一起編童話故事。如認識了「蠶」字，可編童話：蠶寶寶吐絲造房子，造好了房子自己卻出不去了，哎呀呀真糊塗——忘了開窗子啦！口頭編童話，對培養寶寶的想

第五章 繞口令、猜謎語是激發寶寶語言天才思維的利器

第一節 教寶寶繞口令的技巧

繞口令對寶寶的語言及思維發展具有極大的促進作用。它能有效地訓練寶寶的口才，增進寶寶的記憶力，還能培養寶寶的快速反應能力。繞口令字音相近，極易混淆，想要唸得既快又好，沒有清晰的思維、良好的記憶、伶俐的口齒，是很難做到的。經常教寶寶學說繞口令無疑會大大提高他們的語言表達能力，同時使他們的思維更具有敏捷性、靈活性和準確性。那麼在教寶寶學說繞口令時，應該注意哪些問題呢？

（一）把握一個「慢」字

慢，就是要循序漸進。具體來說，就是指說的時候節奏適度，學的時候步步深入，練的時候融入畫面。對年幼的寶寶來說，學說繞口令無外乎練唇舌、練語言、練記憶、練思維，只要能將整個段落說得清楚、流利、連貫、完整即可，不必像曲藝演員那樣舌如飛簧，快捷如飛。過於求快，一來容易造成寶寶咬字發音含混不清，令人不知

所云的情況；二來也會加重他們的心理負擔，使之產生適得其反的效果。因此讓寶寶初學繞口令，務必講究一個「慢」字。那麼如何做到慢呢？

首先，要長吸慢呼。長吸，就是在唸之前先深深地吸一口氣，這有益於放鬆情緒，氣流暢通。慢呼，就是在唸的過程中緩慢均勻地呼氣，爭取把一長串字在一口氣中唸完，這有益於語路清晰，咬字準確。

其次，要先慢後快。初教寶寶學說繞口令，父母千萬不要性急，一定要教得慢一些，讓寶寶把每一個字的字音都唸得準確無誤，把每一句話都說得清楚連貫，然後再逐漸加快。為了更好地做到這一點，父母不妨採取分解的辦法使寶寶讀出節奏感。以「麻媽媽騎馬馬慢麻媽媽罵馬，牛妞妞牽牛牛拗牛妞妞扭牛」這則繞口令為例：

第一步驟：麻──媽媽──騎馬──馬慢──麻──媽媽──罵馬

　　　　　牛──妞妞──牽牛──牛拗──牛──妞妞──扭牛

第二步驟：麻媽媽騎馬──馬慢──麻媽媽罵馬

　　　　　牛妞妞牽牛──牛拗──牛妞妞扭牛

第三步驟：麻媽媽騎馬馬慢麻媽媽罵馬

　　　　　牛妞妞牽牛牛拗牛妞妞扭牛

　　如此反覆，可使寶寶頭腦中的印象由淺入深，也使之對其中極易混淆的調、韻、聲能夠很好地加以區分和把握，讀起來也會連貫得多，直至熟練掌握。

　　再次，要由短到長。就是先練短的，再練長的繞口令。這種由淺入深、循序漸進的方式有利於提高寶寶的興趣，也有利於寶寶逐漸掌握說繞口令的技巧。父母若急於求成，一開始就讓寶寶練習長長的繞口令，便會使寶寶感到有些吃力。

　　最後，要讓寶寶的頭腦中產生一種畫面感。一篇小說如果想要情節完整，往往需要成千上萬字，而繞口令則言簡意賅，短短幾句話幾十個字就能勾勒出一個完整的故事，且在聲、韻、調方面獨具特色，體現出漢字的獨特魅力。父母在教寶寶學說繞口令時要加以正確的引導，努力強化寶寶的形象思維，使其頭腦中產生正確的聯想，進而產生一種畫面感，這有利於提高寶寶的興趣，增進其感悟力，強化其記憶力，促使他們儘快地學會。如上述的《麻媽媽牛妞妞》這則繞口令，就巧妙地把「媽、麻、馬、罵」和「妞、牛、扭、拗」幾個同音異調的字組合在一起，本身就是一幅詼諧活潑富有情調的生活小景，父母若能透過引導，使寶寶眼前浮現出一幅急性子的「麻媽媽」、「牛妞妞」罵馬扭牛的畫面，自然會使寶寶興趣大增，迅速掌握。

（二）把握一個「準」字

　　準，就是發音準確，咬字清楚。繞口令做為一種有趣的語言遊戲，同時也是一項複雜的語言活動。一方面，大量的同音異調、字音相近、疊字重句是其鮮明特色，稍一失誤，便會出現差錯。另一方面，說繞口令又需要唇、舌、口等器官的整體協調性。舌頭的部位、嘴唇的形狀、口腔的開閉等，都直接影響著發音的準確與否。因此，學說繞口令，必須要注重一個「準」字。

　　1、進行口腔技巧的初步訓練。努力促進唇、舌、齒等部位的靈活程度，會對寶寶說繞口令時音量的大小、氣息的呼入、唇舌的力量等方面有所幫助，進而收到良好的訓練效果。為此有必要加強幾方面的練習。

　　（1）唇舌練習。目的是使雙唇和舌頭達到一定的靈活性，進而更好地咬字發聲。初學的寶寶可找一些字詞句反覆來讀，按照「分—連讀—快讀」的步驟進行。以「劈里啪啦」為例：第一步：劈——裡——啪——啦（分讀一遍）；第二步：劈里啪啦劈里啪啦（連讀兩遍）；第三步：劈里啪啦劈里啪啦劈里啪啦……（快讀數遍）。

　　（2）口齒訓練。目的是為了克服方言障礙，促進齒與舌的協調性。以「嘰嘰喳喳」為例，也可採取上述的辦法進行練習。

（3）氣息訓練。目的是準確地控制好口腔出入的氣息，避免出現氣流不暢的現象，影響說繞口令的效果。不妨以「十九八七六五四三二一」為例進行氣息練習，方法同上。

（4）爆發力練習。目的是為了加大音量和音的爆發力，達到氣勢充足、情緒飽滿的效果。以「得兒駕」為例，可分兩步：第一步：得兒（音量要輕）──駕……（音量突然加大，且要短促有力）；第二步：得兒駕得兒駕得兒駕……（快讀數遍）。

2、加強唇、喉、齒、舌的分類練習。說繞口令時唇、舌、口等變化多，變化快，要求高，一不小心便會出錯。對寶寶來說，這些部位的功能尚不完善，尚有氣息不勻、舌硬齒僵、喉嚨發緊等問題，影響了說的效果。為此，父母可在口腔技巧訓練的基礎上，根據寶寶的實際狀況，對口、唇、舌、喉等部位進行分類練習。

（1）練「唇」功。練習ㄅ、ㄆ、ㄇ、ㄈ與韻母相拼，可以使雙唇更為靈活。如「天上一個棚，地上一個盆；棚碰盆，盆碰棚；棚塌咧，盆打咧；你說棚賠盆，還是盆賠棚」。這裡有意識地把「棚盆賠碰」等幾個聲同韻異的字巧妙地組織在一起，讀起來拗口，聽起來有趣，反覆訓練有助於訓練唇功。

（2）練「齒」。ㄗ、ㄘ、ㄙ與韻母相拼，ㄐ、ㄑ、ㄒ與ㄧ、ㄧ

ㄣ、一ㄥ等韻母相拼，有助於練「齒」功。尤其是處於某些中南部農村的寶寶，在發音上與國語有很大差距，若能在這些方面多加練習，能很好地克服障礙，弄清平、捲舌之分。

練這樣的繞口令時，可先搞清楚容易出錯的字，尤其是區分出其中的平舌音和捲舌音，可以在上面加以標注，然後再反覆加以練習。

（3）練「舌」功。ㄅ、ㄊ、ㄋ、ㄌ、ㄔ、ㄕ等聲母與ㄚ、ㄟ、ㄡ、ㄢ、ㄣ等韻母相拼，可增強舌頭的彈性和靈敏性。如「南邊來個喇嘛，手裡提著五斤塔瑪，北邊來個啞巴，腰裡別個喇叭，喇嘛要拿塔瑪換啞巴的喇叭，啞巴不願意用喇叭換喇嘛的塔瑪，手裡提著塔瑪的喇嘛打了腰裡別著喇叭的啞巴一塔瑪，腰裡別著喇叭的啞巴打了手裡提著塔瑪的喇嘛一喇叭」。

（4）練「喉」功。ㄍ、ㄎ、ㄏ等聲母與ㄚ、ㄤ、ㄨ、ㄨㄥ等韻母相拼，有助於寶寶在咬字發聲時音勢增強，音色自然，避免喉嚨過緊、聲音容易嘶啞的問題。如「粉紅牆上畫鳳凰，紅鳳凰黃鳳凰，粉紅鳳凰花鳳凰」。

（三）把握一個「勤」字

勤，就是勤於練習，堅持不輟。教寶寶學說繞口令，實在是一件很不容易的事情，為此，要反覆教，還要經常要求寶寶練習，這樣才

有利於寶寶的掌握。

1、隨時訓練，見縫插針。練習繞口令，可讓寶寶在家裡練、公園練、廣場練、走路練、玩時練等等，讓寶寶隨時隨地得到訓練，語言表達能力不斷得以提高。

2、糾錯對練，矯正發音。寶寶長時間獨自說練，可能會使他們感到有些枯燥，父母與寶寶一起練習，透過相互糾錯的方式，使寶寶的咬字發音更為準確清楚，也會激發寶寶的興趣。

3、公開演練，增強信心。寶寶練到一定程度時，期望得到眾人贊許。父母可鼓勵寶寶在眾人面前大膽表演，這樣容易激起寶寶的好勝心，訓練他們的膽量，也會使他們增強自信心，學說繞口令更會精益求精。

4、講解助練，增強記憶。遇到一些知識性的東西，父母可以透過講解讓寶寶明白，以便於寶寶更好地記憶。實踐顯示，學說繞口令可使寶寶的綜合能力得到大幅度提升。那些性格孤僻、膽小，甚至有些結巴的寶寶，也可透過這種方式得到很好的訓練。有興趣的父母不妨一試。

第二節 教寶寶猜謎語的技巧

絕大多數謎語都是具有生動形象的，符合寶寶認識事物的規律，因此一般都會受到寶寶的喜愛。謎語有的運用白描法，以寥寥數語勾勒出鮮明生動的形象，而有的則採用比喻、擬人、擬物法，對於豐富寶寶的語言，作用十分顯著。

如：「小時沒有腳，大時沒有尾，路上去跳高，水裡來游泳。」這個謎語就用白描的手法，敘述了小蝌蚪變青蛙的演變過程。「紅公雞，綠尾巴，一頭鑽到地底下。」這個謎語就運用比喻法，用紅公雞比喻胡蘿蔔，生動地刻畫了胡蘿蔔的形象。「一個小姑娘，生在水中央，身穿粉紅襖，坐在綠船上。」就是以擬人的手法，以小姑娘比喻荷花，描繪了一幅美麗的圖畫。

謎語一般都會抓住事物的特點，運用各種手法具體形象地創作謎面，寶寶在猜謎的過程中，無疑也會逐步學會如何具體形象的描繪事物，隨之也就漸漸學會了形象思維。

據說有位父母引導寶寶讀了《十萬個為什麼》，這套叢書中有介紹各種動物的知識，其中有關於貓和貓頭鷹的知識，於是出了兩則謎語。一則是：「八字鬍子兩邊翹，喵嗚喵嗚唱小調，黑夜巡邏不用燈，廚房糧倉牠放哨。」另一則是：「臉盤長得像隻貓，身穿一件豹

花袍,白天睡覺晚上叫,田鼠見牠嚇得逃。」寶寶很快就猜中了,不僅訓練了思維,而且分清了貓和貓頭鷹這兩種動物。可見,謎語還有助於寶寶掌握事物的概念。

同時字謎還有助於寶寶識字。如字謎:「帶士兵的少一筆,帶學生的多一筆。」年紀稍大一些的寶寶,經過思考就會聯想到「帥」和「師」兩個字,這樣不僅記清楚了它們的字形,而且理解了它們的字義,一舉兩得。

謎語可以培養寶寶的辨析能力,訓練寶寶的形象思維。讓寶寶猜謎語,對於開發寶寶的大腦智力、學習語言有很大的好處。同時,謎語又是寶寶們喜歡的遊戲之一,謎語一般都透過兒歌的形式,以生動形象的比喻來表現事物的特徵。謎語既符合寶寶的特點,又能滿足寶寶好奇的心理。在猜謎的過程中,寶寶要進行聯想、分析、綜合和判斷等一系列的思維活動。透過猜謎學習語言,不會讓寶寶覺得學習是負擔,反而會十分輕鬆。因此,父母應該多尋找時間和寶寶進行猜謎遊戲。

傳說有一個故事:一年春節前夕,清朝著名書畫家鄭板橋去郊外辦事,路過一家門前,看見門上貼有一副對聯:上聯是「二三四五」,下聯是「六七八九」。鄭板橋看後,掉頭就往家裡跑。沒過多久,他就扛著一袋糧食,還拿著幾件衣服和一塊肉回來

了。他走進那戶人家，只見屋裡的一家老小缺衣少食、愁眉苦臉，鄭板橋送來的東西正好解了他們的困境，這家人十分感謝鄭板橋。鄭板橋雖然和這家人素不相識，但卻從一副對聯看出了這家的困境。

父母這時可以讓自己的寶寶想一想，看看寶寶能從這副對聯中看出什麼？如果這副對聯是一個謎語，打一個成語，寶寶能猜出這個成語嗎？聰明的寶寶會從這個故事的情節中得知，對聯的上半聯沒有「一」，下半聯沒有「十」，所以成語應該是「缺衣（一）少食（十）」。

在猜謎過程中，父母通常不要急於讓寶寶先說出謎底，而是要給寶寶時間讓寶寶進行分析、推理，這樣不僅能讓寶寶啟動腦筋，而且還能瞭解到寶寶的智力發展情況。為了進一步培養寶寶的語言思維能力，在寶寶想出謎底後，還要進一步問問寶寶是怎樣猜出來的，讓寶寶把自己的思考過程說出來。

第六章 讓兒歌、童謠陪伴寶寶快樂成長

第一節 培養寶寶朗讀兒歌的能力

　　3～4歲是寶寶掌握語音、學說國語的關鍵期。寶寶已具備了一些口語交往的基本能力，但語言的表達能力仍需繼續培養。兒歌以其獨特的韻律和韻腳，還有學習起來朗朗上口的特點，深受年齡幼小的寶寶們的喜愛，但寶寶也經常會出現「唱」兒歌、拉長聲音等不良現象，為更好地提高寶寶語言的表現力，要對寶寶進行朗讀能力的練習。

（1）激發寶寶的情感，以培養寶寶的朗讀興趣。

　　寶寶由於年齡幼小，所以情感容易受環境的變化而變化，常因環境的改變而不適應，表現為膽小不敢說話。所以，首先要引導寶寶開口說話。父母透過和寶寶交談、玩遊戲、講故事、欣賞兒歌等，使寶寶產生興趣。調動了寶寶的積極性後，就可以考慮進行朗讀練習了。

　　其次，要遵循從易到難、循序漸進的原則。從最簡短、最貼近寶寶生活的兒歌開始，父母要耐心啟發，具體指導。如兒歌《珍珍的

家》，先啟發寶寶對照自己的家，知道自己的家裡也有爸爸、媽媽、爺爺、奶奶、布娃娃等，然後把珍珍換成寶寶自己的名字，這樣寶寶就會產生親切感，自然地將自己對家庭的愛意和依戀表達出來。

父母恰當的鼓勵是打開寶寶大膽朗讀的金鑰匙。即時、恰當地鼓勵，可使寶寶在輕鬆愉快的心境下學習朗讀，父母一定不要一開始就給寶寶挑毛病，否則寶寶就會對朗讀失去興趣。此外，父母還要幫助寶寶理解兒歌的內容。寶寶理解了兒歌內容之後，學起來才會興趣高昂，學得快、記得牢。如學兒歌《太陽》前，可以先讓寶寶在戶外感受太陽的溫暖，再透過光碟讓寶寶瞭解到太陽對動植物的作用，這樣寶寶學起來效果自然就會明顯。

（2）幫助寶寶瞭解人物的性格，教育寶寶變換語氣和語調。

經過一段時間的練習，寶寶已能夠進行初步的朗讀了。但由於缺少對人物性格的理解和朗讀技巧，朗讀時語氣平淡，語調平直。因此，要注重幫助寶寶瞭解兒歌中的人物性格，使寶寶知道不同的人物和情節在朗讀時要用不同的語氣和語調。如《學習小黃鴨》，幫助寶寶瞭解小白鴨是嬌小的，讀「我最小，我要先吃」時，聲音要嬌聲嬌氣；小黑鴨以大自居，讀「我最大，我要多吃」時應粗聲大氣；小黃鴨懂得謙讓，語氣要輕柔，使寶寶能很好地揣摩和表現三隻小鴨不同的性格。我們還可以透過分組朗讀、分角色朗讀等多種形式，使寶寶

瞭解重音對朗讀的影響,透過練習,寶寶朗讀得有聲有色,活靈活現。在朗讀中幫助寶寶體驗作品所表達的感情和情緒。

在朗讀中,父母還要注意文學作品的藝術感染力,讓寶寶的情感能隨主角的遭遇遷移,設身處地地展開思維活動,能像主角一樣在緊張的時刻感到畏懼,在取得勝利時感到輕鬆和愉快。如朗讀詩歌《小熊過橋》,讀到「立不穩,站不牢,走到橋上心亂跳」時,注意讓寶寶體會小熊過橋時的緊張心情。讀「媽媽,媽媽,快來呀,快把小熊抱過橋」時,聲調要高,聲音要強,讀得要快一些,讓寶寶體會小熊害怕不敢過橋的心情。讀「小熊過橋回頭笑,鯉魚樂得尾巴搖」時,讓寶寶體會小熊過橋後輕鬆愉快的心情。寶寶有了這種情感體驗,就能更好地提高他們朗讀時的語言感染力、表現力。

(三)讓寶寶在朗讀中學習語言藝術。

文學作品中的語言,是經過加工的藝術語言,優秀作品中的語言都是簡練、生動,富於情感的,寶寶會從中學到大量新的辭彙。在朗讀過程中,父母要有意識地引導寶寶學習、理解描述自然現象、動植物特徵、人的外貌等的形容詞、代表抽象意義的詞(如勇敢、誠實、光榮等),以及形容人的心理活動狀態的詞(如盼望、焦急、興奮、激動、滿意等)。這樣可以大大豐富寶寶的語言素材,加深寶寶對語言的理解和應用,促進寶寶語言的發展。

第二節 和寶寶一起分享兒歌的純眞與快樂

　　父母要為寶寶選擇一些富有童心、童趣，有鮮明的形象，並且富有想像力、創造力的兒歌，讓寶寶朗誦、理解、背誦。如兒歌《珍珠被》：「晚風輕輕吹、吹皺了小河水。水中魚兒跳起舞，搖頭又擺尾。星星下河來，洗澡閃銀灰。小魚小魚可眞美，蓋床珍珠被。」這首兒歌很優美，富有想像力，寶寶一定很願意朗誦。不僅要選擇優美的兒歌，有時還要讓寶寶學習一些知識性強的兒歌，透過學習這樣的兒歌讓寶寶自己提出問題，自己解決，打破只有父母提問，寶寶被動回答的局面，培養寶寶自己提出問題，解決問題的能力。如：兒歌《不能闖紅燈》：「小白兔，紅眼睛，瞧瞧小螞蟻，瞅瞅小甲蟲，螞蟻甲蟲全站住，都說不能闖紅燈。」有的寶寶接著就問：「媽媽，哪裡有紅燈呀？」媽媽則回答：「媽媽也不知道，想一想啊，寶寶。」寶寶回答：「螞蟻和甲蟲把小白兔的紅眼睛當成紅燈了。」這樣寶寶自己提問自己回答，不用父母解答，問題就解決了。為了增加寶寶學習兒歌的興趣，還可以讓寶寶在朗誦兒歌中自由加動作，如：按節奏拍手、學兒歌中小動物的動作、編小律動等。這樣寶寶就能積極地朗誦、理解並較快地背誦兒歌。

　　在學習兒歌的過程中，父母還可以引導寶寶有意識的識字，並不只是一味地讀、背。如：在學習新兒歌時，首先出示兒歌的內容，

讓寶寶根據已有的識字基礎，用手指指著一個字一個字地讀，培養寶寶看字對照的能力，眼口一致的能力，而不會出現兒歌已讀完，手還沒指完的現象。透過寶寶的識讀，然後有選擇的選出一些生字進行認讀，並用這些字組詞、用語詞說句子。這樣不僅大大提高了寶寶識字的興趣，知道了識字的目的，還可以讓寶寶讀更多的兒歌和故事，同時養成寶寶閱讀的好習慣。

第三節 教寶寶背兒歌的技巧

想要教好寶寶背兒歌，還有一個前提，那就是你必須先瞭解兒歌，喜歡兒歌。如教寶寶兒歌《擦小臉》：「小毛巾，手中拿，小小臉兒擦呀擦，瞧瞧寶寶多乾淨，快讓媽媽親一親。」你需要用愉快昂揚的聲音教寶寶，讓他唱出好寶寶的自豪感，體驗長大的快樂。讓寶寶充分聽歌曲，瞭解歌詞內容，感受歌曲旋律。寶寶初步學唱兒歌的時候，允許寶寶輕聲跟唱，耐心幫寶寶糾正不足之處。問寶寶是否喜歡這首兒歌，讓寶寶說說喜歡這首兒歌的理由。讓寶寶表演唱，鼓勵他說說自己愛勞動的故事。

教寶寶兒歌《穿褲子》：「寶寶自己穿褲子，好像火車鑽山洞，嗚嗚嗚，嗚嗚嗚，兩列火車出山洞。」讓寶寶瞭解兒歌的內容，感受兒歌的幽默有趣。讓寶寶完整地感受兒歌，可以引起寶寶學習兒歌的興趣。寶寶學習兒歌，就會試圖去理解兒歌的內容。一般寶寶就會提問：「穿褲褲時好像火車鑽山洞？」、「火車出山洞是什麼意思？」你也可以問寶寶：「你覺得兒歌好玩嗎？好玩在哪裡？」

《小牙刷》：「小牙刷，手中拿，上下刷，裡外刷，早上晚上都要刷，牙齒白白笑哈哈。」同時父母也可以就此教會寶寶刷牙的方法，讓寶寶體驗長大自己刷牙的快樂。可以示範正確地刷牙的過程和方法，一對一地教寶寶刷牙。

《樣樣東西都要吃》：「白米飯，我要吃，紅燒肉，我要吃，綠青菜，我要吃，……樣樣東西都要吃。」讓寶寶講述自己愛吃什麼，問他為什麼，再說說只吃自己喜歡的東西行不行，讓寶寶自己說為什麼要什麼東西都要吃。

《笑比哭好》：「兩個小寶寶，一個哭、一個笑，笑寶寶，哈哈哈，哭寶寶，哇哇哇，快別哭，快別哭，笑的要比哭的好。」學完兒歌後，問問寶寶，他什麼時候會哭，什麼時候會笑，讓寶寶做一做哭和笑的表情，可以和寶寶一起做。模仿身邊的人的哭和笑的表情，讓寶寶在快樂中體會為什麼笑比哭好。

1.5歲左右的寶寶可學會背誦兒歌最後一個押韻的字，也可以漸漸開始先學第一個字。20個月左右的寶寶可以學會三個字的短句，個別寶寶在2歲前後能背誦第一首兒歌。語言發育遲的寶寶到2.5歲甚至到3歲才能背誦全首。

對於背誦兒歌，父母要耐心誘導，對待寶寶的每一點進步都要表揚，不要和別人比。一般女寶寶語言發育較早，寶寶之間個別差異較大，只要寶寶比以前進步，就應當受到鼓勵，讓他在快樂的氣氛中逐漸進步。

三個字的兒歌最易於學會，例如：

小雨點，丁丁丁，唱的歌兒真好聽。大公雞，喔喔喔，天天叫我早早起。小汽車，嘀嘀嘀，跑過來，跑過去。 小皮球，圓又圓，拍一拍，跳一跳。一二三，跳跳跳，天天跳，身體好。

選擇寶寶喜歡的玩具或遊戲，一邊擺弄一邊背誦，誘導寶寶跟著背。或者隨著當時的所見所聞讓寶寶愉快地學習。

千萬不要當著寶寶的面和別人議論：「看××早就會了，我們寶寶就是不會！」寶寶能懂得別人數落自己，從此失去了學習的信心就更不容易學會了。

第四節 讓民間童謠薰陶你的寶寶

童謠在寶寶學習中的地位和作用，早已被父母們認識到了。它對於寶寶知識面的擴大、能力的培養、情感的薰陶、美感的啓迪，都有著潛移默化的作用。我們應該選擇一些淺顯易懂，貼近寶寶生活的民間童謠，讓寶寶在學習過程中，學到知識，得到樂趣，受到教育，調動寶寶對民間童謠學習的興趣。

與其他的童謠相比，民間童謠具有更加貼近生活，能夠寓教於學等特點。如：「小花貓」、「小老鼠，上燈台」、「孫悟空三打白骨精」等，這些童謠已在小朋友之間流傳開來。民間童謠穿插在玩具與遊戲之中，寶寶們和它們成了好朋友。

在童謠的學習中，寶寶們口語表達能力最容易得到提高，膽小的寶寶一般這時就敢說話了，口吃的寶寶透過童謠的學習和訓練，言語也一般會顯得比以前連貫。因為，這些東西是他們所熟悉的。寶寶們對於學習民間童謠一般都會興趣大增，可以鼓勵他們把在家學會的民間童謠說給小朋友聽，

在童謠的選擇中，我們可以把玩具和遊戲結合在一起，在活動中進行了嘗試。如：空竹、陀螺、毽子、泥人、風箏、不倒翁、風車等。這些玩具，有的寶寶見過，有的沒見過。為了提高他們的興趣，我們可以帶他們去看相關的表演。這些民間玩具的玩法，都有一定的

技巧，寶寶掌握起來較難，透過看表演寶寶對這些玩具有了更多的瞭解，會更加喜歡民間童謠。寶寶們在遊戲中學會民間童謠，又把童謠融入遊戲之中，童謠就成為寶寶生活中不可缺少的內容，對寶寶掌握語言形成巨大推動力。

民間童謠，大多都是很早以前流傳下來的，有些童謠的內容寶寶不易理解，這就需要父母在選擇內容時，進行反覆推敲，確定內容後，讓寶寶學說並給予通俗、形象化的解釋或修改。如：在教民間童謠《寶寶戲具謠》時，最後一句「楊柳芽，打拔」。打拔是一種民間遊戲，寶寶沒聽過，也沒玩過，不易理解，有的父母就把它改成「楊柳長，轉花牆」。並解釋說，轉花牆就是轉陀螺，陀螺上面的顏色是五顏六色的，轉起來很漂亮。陀螺寶寶一般都見過，易於理解。在不改變原意的情況下，做一些小小的改動，便於寶寶學習與理解。

第七章 迅速提高寶寶的
閱讀能力

第一節　儘早閱讀就是一切

　　教育學家研究發現，3歲就能輕鬆閱讀書本的寶寶，終其一生都會有讀書欲，而進入小學以後，也會以讀書爲樂，讀書的內容也會越來越深，而且學習能力越來越強。讀書與學習能力有著密切的關係，越是喜歡讀書的寶寶，其學習能力越強。

　　閱讀能力是學習的基礎。若我們的父母對寶寶這種本來所具備的能力視而不見，不聞不問，那麼寶寶的這種能力就有可能沒有得到很好的開發，這樣的寶寶應該說是非常遺憾的，而身爲孩子的父母，卻是不應該犯下這種錯誤的。

　　寶寶早期智力開發在於大量吸收自然科學知識和社會科學知識，在於認識這些知識的實際背景、現實形態及彼此之間的關聯與應用。這是智力發展不可缺少的內容，同時也是獲得新知識、瞭解新知識的方法。雖然說認識來自於實踐，但寶寶學習知識不能靠事事、樣樣地去實踐，雖然學習知識可以靠大人們講，但無助於寶寶的再學習、可

持續發展性學習。更何況上述學習知識的途徑和方法既受到寶寶心理發展水準的侷限，又制約寶寶個性傾向性發展。

所以，對寶寶來說，儘早閱讀興趣的形成，閱讀習慣的培養，初步的閱讀方法的掌握和具有初步的閱讀能力是至關重要的。識字是閱讀的要素，同時識字的鞏固與提高也是在閱讀中實現的。

並且，在母語環境裡的閱讀中識字，是識字教學的有效途徑。寶寶應該儘早學會閱讀，原因有很多。

首先，閱讀是人們獨立自主地獲取知識的主要途徑，所以越早越好。

其次，閱讀是誘發思維活動、啟迪的良伴，是思維的導師；健康的書籍是寶寶最好的老師就是這個道理。當然，結識導師「越早越好！」

閱讀還可以昇華人格情操，觸及心靈自省，是最有效的教育——自我教育的益友；對寶寶的思維素質，道德情感的陶冶來說，閱讀是最重要的，自然是「越早越好」。

人們都知道，閱讀興趣是人生必不可少

的第一位興趣，閱讀習慣是人生最有價值的習慣，因此對寶寶來說，學會閱讀「越早越好」。

儘早閱讀可以有效地開發寶寶閱讀興趣、閱讀習慣這個最佳期；儘早閱讀可以從根本上改變漢語言教育長期以來少、慢、差的落後狀態；儘早閱讀可以提高理解力，從根本上擺脫學業負擔過重的困境。

因此，儘早閱讀是寶寶智力開發的關鍵，也是啟迪知識與智慧大門的「金鑰匙」，從這個意義上說，我們再次重申「儘早閱讀就是一切」。

第二節 對寶寶進行早期閱讀能力訓練的方法

教育學家認為，閱讀不僅有助於寶寶智力發展，而且是一種全面的活動。在閱讀中，可以給寶寶感覺和動覺的教育、空間和時間的教育、符號和概念的教育、語言教育等諸多方面的內容。但是，很多父母認為培養寶寶閱讀能力是上學以後的事，原因是寶寶所識的字不多，因此就沒有重視閱讀能力的早期訓練，使得寶寶上學後不喜歡閱讀、不會閱讀或不能自覺地閱讀。

對寶寶進行早期閱讀能力的訓練，應從以下這些方面做起：

（1）寶寶都很喜歡聽故事，父母可根據寶寶這一心理特點，讀書給寶寶聽。在讀的過程中，父母要讀得生動而富有感染力，並可邊講邊指著書中的文字和圖畫，讓寶寶瞭解到這些美妙動聽的故事都來自於書籍，進而增強他們對讀書的渴望與興趣。

（2）為培養寶寶自覺讀書的習慣和意識，父母最好固定在每天的同一時間來為寶寶讀書或指導他們讀書。

（3）盡量利用書面文字來培養寶寶的閱讀能力，如在冰箱上留字條，在旅遊前查路線圖，在報紙上看電視節目、連環漫畫等。

（4）當寶寶讀完一篇東西後，要鼓勵寶寶把它敘述出來。寶寶看到別人對他講的東西感興趣，便會感到興奮和自豪，特別是當大人以

讚揚的口吻對其鼓勵時，更會激發他們閱讀更多書的願望。

（5）調查結果顯示，在一個滿是書籍的房子裡長大的寶寶，往往會成為一個比同年齡人更早的閱讀者。所以在家裡多設置幾個書櫃，裡面放上許多五顏六色的書。最好單給寶寶準備一個書櫃，上面擺放一些寶寶所喜愛的書刊、畫報。

（6）有條件的家庭，可在室內一角用靠墊、毯子或一張舒適的椅子佈置一個讀書角落。要保證讀書角落光線充足，並儲存有足夠的書。

（7）在家裡要形成一種熱愛書、尊重書、崇拜書的氣氛。把每一本書都包上書套，不允許任何人在上面胡寫亂畫，看完後必須將書放回原處。

（8）教寶寶識字的目的是為了閱讀，所以識字要與閱讀同步。否則一味地教會寶寶認識許多字，是毫無意義的。

（9）寶寶讀物的選擇應與他們的興趣、年齡和理解能力相適應，並尊重寶寶的願望和考慮他們智力發展的現實需要。最好選擇那些由易到難、由淺入深的寓知識於趣味之中的簡易讀物、初級讀物，如連環畫、童話、兒歌、故事等。

（10）在家裡養成一種相互贈書的習慣，當寶寶的生日、節日或

寶寶取得某種成績時，父母可用精美的書籍做為餽贈寶寶的禮品或獎品。

（11）鼓勵寶寶在看完書後，要多向自己和大人提出問題，父母也可有意識地考考寶寶。對於寶寶提出的問題，大人應認眞回答，並可和寶寶一起展開討論，暢談各自的見解。

（12）如果寶寶暫時不願讀書，父母切不可強迫，不然寶寶會對讀書產生厭惡心理。如果寶寶在讀書時遇到了不熟悉的字，可馬上告訴他字的意思。但在閱讀過程中，當寶寶有錯誤時，不必像對學生似地認眞糾正。否則一味地指點和糾正寶寶的過錯，極易挫傷寶寶的自尊心和讀書的積極性。

第三節 對寶寶進行閱讀訓練應選擇好書本

怎樣給寶寶選書：寶寶不識字，他拿到一本書首先是看圖畫。給寶寶看的圖畫，主要要做到這以下三條：

（1）畫面要大，要清晰乾淨。

（2）形象要眞實可愛。

（3）顏色要鮮明。

有的書一頁上面有很多幅圖畫，是不適合寶寶的。給大人看的圖畫，力求畫面豐富，而給寶寶看的就不一樣，要突出主要形象，背景盡量簡單，免得分散寶寶的注意力。人物、動物的形象一定要眞實。現在很多寶寶住在高樓大廈，雞、鴨、鵝都沒有見過，好多動物是靠圖書來認識的，所以一定要畫得很像。現在一些畫家講究變形，變到後來，就連父母也分不出是狗還是貓了。

從內容看，現在的寶寶讀物大體有兩種，一是教材式的，像教寶寶說話、識物、畫畫；一是文學性較強的，如圖畫故事、兒歌。這兩種都可以，關鍵是要程度適中，能引起興趣。寶寶非常喜歡圖畫故事和兒歌。圖畫故事的情節要簡明有趣，語言生動、悅耳。情節複雜，句子很長、拗口，寶寶就不喜歡。兒歌要優美動聽。搖籃歌是我們最早接觸的文學作品，千百年來，它受到一代又一代寶寶的喜愛。

　　可以這樣說，一篇好的圖畫故事，能對寶寶德、智、體、美諸方面的發展，都能起到促進作用。寶寶讀物是你教寶寶學習語言的最好助手，請充分地利用它們吧！

第四節 寶寶的早期閱讀訓練應始於3歲之前

當寶寶到了一、二年級已經從電視、周遭的環境裡接觸了很多事物，一般來說是比較早熟。他們認識了500個字後才能開始閱讀用有限的辭彙編寫的讀物，往往會因爲讀物內容跟他們心智發展，及實際生活知識和經驗有很大差距，而覺得這些讀物幼稚，因而提不起閱讀的興趣來。這是一般寶寶不愛閱讀、不能閱讀的原因之一。

回到家裡整天開著電視機，每天花上三個小時看電視的寶寶都不喜歡看書，即使看，也多是看連環圖、日本卡通漫畫。事實上，動感的電視節目確實比圖書吸引人。

近年，圖書更多了一個競爭者——電腦。很多父母都認爲電腦是寶寶一個重要的學習、謀生媒介，認爲應該趁早就讓他學。電腦的互動程式也很容易吸引小孩。但寶寶若迷上了打電腦遊戲，而不懂得控制時間，他也是不會喜歡看書的。

此外，小學生一踏入小學，功課明顯加深，作業明顯增多，能用於課外閱讀的時間相對減少了。

有經驗的父母也會告訴你學齡前的寶寶可塑性較高、較單純、較易聽從父母的教導。這時期的寶寶生活較單純、空閒、記憶力強，喜歡朗誦和聽故事。

　　學齡前寶寶是透過重複來學習新事物，來增加他的自信心和安全感。因此，簡單重複的學習方法，他們不僅不覺得乏味、沉悶，而是覺得「好玩」。

　　綜合上述各種原因，父母一定要在3歲時就開始引導寶寶，透過大量閱讀運用來培養寶寶的閱讀能力，並提早認讀500個字，讓他們在未成為電視迷、電腦迷前，在可塑期時就培養他們的閱讀興趣、能力和習慣。

第五節 誘發寶寶對閱讀的興趣

怎樣激發寶寶閱讀的興趣，培養寶寶良好的閱讀習慣和閱讀能力？這似乎是令不少年輕父母頭疼的問題。許多父母抱怨寶寶太貪玩，書本對他好像沒有什麼吸引力。殊不知寶寶的閱讀習慣與父母的教育方法有很大關係。在這裡不妨介紹一下美國流行的一種寶寶閱讀啓蒙教學法，也許可以給我們一些啓示。

這種教學法是由美國教育家傑姆·特米裡斯發明的。他認爲培養寶寶的讀書興趣要從小開始，要依靠父母來「誘發」。父母應從寶寶很小的時候就養成爲寶寶朗讀的習慣，每天20分鐘，持之以恆，寶寶對閱讀的興趣便會在父母抑揚頓挫的朗讀聲中漸漸產生了。他認爲寶寶堅持聽讀可以使注意力集中，有利於擴大寶寶的辭彙量，並能激發想像，拓寬視野，豐富寶寶的情感。在每天20分鐘的聽讀中寶寶會逐漸領悟語句結構和詞意神韻，產生想讀書的願望，並能初步具備廣泛閱讀的基礎。傑姆·特米裡斯認爲寶寶聽讀應越早越好，父母選取的朗讀內容應生動有趣，能吸引寶寶，隨著寶寶年齡增長，內容可逐步加深。他強調使用這種方法的關鍵是父母一定要有愛心，有耐心，日復一日，年復一年，父母們的付出終會有滿意的收穫。

特米裡斯近年來廣泛在美國各地做無償報告，宣傳這種聽讀啓

蒙教學法，吸引了眾多幼教工作者和父母們的參與和嘗試。他編寫的《寶寶聽讀手冊》也非常暢銷。而且他的倡導得到了許多有識人士的賞識和支持，幾個州都發起了「請為寶寶朗讀」、「你一天中最重要的20分鐘」的活動。

可能許多父母都沒想到用這樣一種簡單方法，就可以把寶寶的目光漸漸吸引到圖書上來。有些人也許還在懷疑聽讀的效用，他們會問：我的寶寶現在每天看電視三、四個小時，難道看電視時不也是在「聽讀」嗎？怎麼不見寶寶有閱讀的興趣呢？對此，特米裡斯認為，五彩紛呈的電視圖像會使寶寶不能把注意力完全放在「聽」上，而且還會抑制寶寶的想像力，無法使寶寶專心感受語言的美。研究資料也顯示，當寶寶每天看電視三小時左右，讀書效率會驟減。這一研究結果也提醒我們的父母，大量看電視將會影響寶寶智力的開發，身為父母，必須從自身做起，養成良好的日常生活習慣，用科學的方法來教育培養寶寶。你不妨每天晚上或其他時間，當寶寶安靜下來時，耐心地在他身邊富有感情地為他朗讀一首兒歌、一個故事，這將比你一味的督促、強制有效很多。

請相信，每天20分鐘，寶寶的收穫卻可享用一生。

第六節 誘發寶寶閱讀興趣的方法

好書能給寶寶帶來很大的影響，父母應該培養寶寶的閱讀興趣。下面幾個方法對父母會有啓發。

（1）講故事法。寶寶都喜歡聽大人講故事，故事能使寶寶產生豐富的聯想，激起對故事情節的深究，進而引起寶寶的閱讀興趣。使用這個方法，需要父母對所要講的故事進行優選，還要講究一些技巧和藝術。

（2）讀書法。父母可以根據寶寶的年齡特點和知識智力水準，選擇適合寶寶口味的書來讀。一些古今中外的著名寶寶文學作品，都可以拿來給寶寶讀。好的作品能使寶寶得到薰陶和美的享受。父母給寶寶讀書時，可以進行必要的解釋。給寶寶留一些問題，在下次讀書前進行討論。時間一久，寶寶就會搶著讀書。

（3）電視引發法。現在的電視節目豐富多彩，父母可以選擇一些根據名著改編的連續劇，或根據著名童話、寓言、傳說改編的動畫片等讓寶寶觀看，然後拿這些名著的通俗讀物和連環畫給寶寶閱讀，使寶寶能進一步理解，進而引發其閱讀的興趣。

（4）環境薰陶法。環境對培養寶寶的閱讀興趣有著潛移默化的作用。父母可以在家裡設立圖書角落，還要養成全家讀書的習慣。另

外，父母應多帶寶寶到書店和圖書館走一走、看一看，**讓寶寶理解書籍對人們生活的作用和意義。**

總之，不論哪種方法，父母都要考慮寶寶年齡特點和個性特徵。對不愛讀書的寶寶，不要操之過急，更不能施加壓力，父母要有耐心，可變換誘導的方法，經長時間的引導和薰陶，寶寶一定會產生讀書的興趣。

第七節 培養寶寶養成熱愛讀書的習慣

（1）提供的書要適合寶寶的年齡

寶寶處在不同的年齡階段，看圖書和理解圖書的能力是不一樣的，因此，提供適合寶寶年齡的圖書是非常重要的。對2、3歲的寶寶，最好是提供寫實地描繪事物的畫冊。例如：寶寶熟知的玩具、動物、植物和文化工具等，要選擇那些畫面構圖分散，一頁一幅的畫冊。5、6歲的寶寶，則喜歡有故事情節的畫冊，對民間傳說和童話內容的連續性故事感興趣。因此，父母給寶寶選購的圖書，一定要適合寶寶的年齡特徵，過難或過易都是不可取的。

（2）給寶寶選擇好書

給寶寶的書要內容健康、主題鮮明，這樣，才能豐富寶寶的生活，開啓智慧的大門，培養明辨是非的能力，從中學會做人的道理。一些帶有封建迷信、色情及暴力行為的書，對寶寶身心的健康成長是非常有害的。一些低級庸俗的語言和追求時髦的語言過多對寶寶也是不適宜的。

（3）一次給寶寶的書不宜過多

如果父母一次給寶寶的書過多，寶寶只能浮光掠影地看看圖書，不能養成閱讀和從書中學習各種知識的好習慣。寶寶不同於大人，即

使每天看同一本書冊，也不會感到厭煩。寶寶每天都會以新鮮的感覺，閱讀同一本書冊，從中學到各種知識。

（4）給寶寶書本時應該在寶寶的面前唸一遍並加以講解

受知識水準和理解力的限制，一本新書寶寶是不會馬上產生興趣的。所以，父母應先講述一遍，會使寶寶對新書產生興趣，而把同一本書唸上兩、三遍後，下次再看時，即便不予講解，寶寶也能照著圖書理解內容，並且會逐漸熟悉和愛上書本。另外，在給寶寶講解畫冊時，對寶寶提出的各種問題，應正確耐心地加以解答，並和寶寶一塊討論。這樣，寶寶說話的內容就會豐富起來，對書籍的興趣也就越來越高。

（5）創造讀書的安靜氣氛

如果父母總是吵吵嚷嚷，不得安寧，就無法使寶寶安下心來讀書。父母看電視應該規定好時間，不能從早到晚看個不停，最好是抽些時間陪寶寶一起讀書，以便為寶寶營造愛讀書的良好家庭氣氛。

（六）理解當代寶寶的心理

寶寶所具有的心理傾向因時代不同而各異。把書交給寶寶後，要充分考慮和判斷寶寶的心理狀況，詳細認真地給寶寶講解他所不懂的地方，直到領會為止。

第八節 如何指導5～6歲的寶寶進行閱讀

學前寶寶主要憑藉色彩、圖像、文字並藉助於大人形象的讀講來理解讀物。對寶寶而言，只要是跟閱讀有關的，都可以算是閱讀，閱讀不僅僅是視覺的活動，也是聽覺的、口語的活動，甚至還是觸覺的活動。

（1）適合5～6歲寶寶閱讀的圖書

1.以情節畫面為主，並配合適當的文字。

5～6歲寶寶的思維以具體形象為主要特徵，抽象邏輯思維出現萌芽。這就決定了讀物仍然以畫面為主，圖書中的文字具有實在意義並有一定的規律可循，幫助寶寶逐步完成從圖畫形象到文字符號的過渡。

2.圖書內容豐富，並考慮為入學做準備。

5～6歲寶寶即將入學，應選擇一些社會適應準備的圖書，如：培養規則意識、任務意識、獨立性方面的書籍，選擇培養寶寶觀察力、理解力的圖書，如：走迷宮、找錯、拼圖講故事等。故事方面也要選擇內容有較複雜的情節、有一定長度的書籍，如：《舒克和貝塔》、《木偶奇遇記》等。有利於培養寶寶的理解力和記憶力。

3.根據自己寶寶的特點有針對性地選擇。

如：自己的寶寶獨立性較差，就可以選擇「我很能幹」、「自己的事情自己做」等；又如：自己的寶寶不善於觀察，就可以選擇「找錯」的書籍等等。喜歡動物或喜歡兵器等，要盡量滿足寶寶，只有寶寶自己感興趣的書，他才會主動去看、去學。購書時，父母還應該給寶寶自主權。

（2）由大人引導寶寶閱讀

1.經常為寶寶朗讀故事

寶寶首先是用耳朵「閱讀」，因此，最好能每天安排一個固定的時間為寶寶朗讀故事，可以是晚飯後或睡覺前。父母的朗讀必須咬字清晰、語調抑揚頓挫富有感染力，朗讀不能完全照搬書中的文字，可根據故事情節增添一些形容詞或象聲詞，培養寶寶的傾聽能力。

2.引導寶寶看畫面

父母可用手指隨故事情節在畫面上移動，也可提出一些觀察的問題，如：他又換了一件什麼衣服？住在什麼地方？手裡拿著什麼等故事語言以外的內容。對於5～6歲寶寶還可引導他們注意觀察畫面上的文字及頁碼的位置、順序等，可以為寶寶獨立閱讀及入學奠定基礎。

3、啓發寶寶思考

在寶寶不瞭解故事情節的時候問「怎麼辦」，如講到大灰狼來到小兔家敲門時：「小兔們該怎麼辦呢？」讓寶寶充分地想像，然後再把結果告訴他。還可以當寶寶已經知道結果的時候問「爲什麼」，如「烏龜爲什麼得第一？」還可以透過引導寶寶續編故事、重新給故事取名字等來培養寶寶的想像力和理解力。

4、與寶寶交談

故事告一段落或講完一個故事時，應與寶寶一起交談，以寶寶說爲主，父母必須注意傾聽，即時引導寶寶的話題，使之緊緊圍繞故事主題，又能聯繫到自身或周圍的生活。交談中注意培養寶寶語言的條理性、概括性，對故事內容和人物進行評價，提高寶寶的辨別分析能力。父母的語言也要由生活化向知識化、邏輯化過渡，爲寶寶進入小學打好基礎。

第九節 與寶寶一起品味「童書大餐」的樂趣

假如我們這樣給寶寶安排食譜：星期一，清蒸魚；星期二，紅燒魚；星期三，溜魚片；星期四，水煮魚；星期五，炸魚片；星期六，糖醋魚；星期日，燉魚湯。然後我們再問寶寶：「你最喜歡吃什麼食物？」

如果你覺得這個笑話太荒唐，那麼在寶寶的閱讀問題上，我們大人正在普遍地鬧著同樣的笑話。我們睜大眼睛看看寶寶們周圍的圖書環境，太多的識字讀本、太多的速食讀物、太多的教輔讀物、太多低俗的盜版動漫、太多劣質的抽筋剝皮的改寫本……我們也問寶寶：「你最喜歡讀什麼樣的書？」

根據心理學研究，人的味覺關鍵期在4歲前，4歲前習慣了什麼口味，以後很難有大的變化。寶寶期的閱讀經驗，無疑也會對以後閱讀的品味有重要的影響。如果不希望你家寶寶日後成為一個「壞品味」或「怪品味」的人，你一定要從小培養他成為一個童書美食家。

寶寶接受精神食糧——閱讀的能力、興趣和品味也是培養出來的，並非天生的。我們需要透過提供好的「食品」和合理的營養搭配，讓寶寶成為童書的美食家，而不是把「魚大餐」當成美食。

培養童書美食家需要從什麼時候開始？答案是，從0歲開始。日本

圖畫書出版家松居直先生在一次演講時，有聽眾問他：怎樣使寶寶喜歡書──是靠文字呢？還是靠畫？他的回答很簡單：靠耳朵。

聽覺是一種本能，但傾聽卻是需要後天培養的能力。傾聽是一種非常重要的語言能力，與單純的「聽到」不同，傾聽是有意識地進行有意義的反應。古人說：「讀書養氣。」這個「氣」便是氣質、氣量的「氣」，養有讀書之「氣」的人，必是擅長傾聽的。

只要你願意，從寶寶一出生就可以開始給他閱讀的體驗。最簡單易行的方法是爲寶寶大聲讀書。如果你現在還沒有開始爲寶寶讀書，那就從現在開始吧！什麼時候都不算遲。 好童書推薦：讀的內容，只要是大人自己喜歡的，讀什麼都可以，當然最好是節奏明快，韻律優美的讀物。

讓寶寶讀出聲音來。「大聲」不是聲音分貝很高的意思，而是「讀出聲音來」的意思。進行這種活動，最好變成一種儀式，比如在大致相同的環境下，在相對固定的時段進行。不需要太長的時間，每次不超過寶寶正常的注意力區間。只要堅持下去，寶寶就會成爲很好的「傾聽者」。

第十節 父母爲寶寶選書時應側重圖畫書

　　圖畫書是符合寶寶特點的「食品」。在飲食方面，我們會爲寶寶準備適合寶寶的食品，而不是大人的食品。在閱讀上，圖畫書就是適合寶寶的精神食糧。選擇好的童書是一個學習的過程。我們這一代和上一代的爸爸媽媽們，多是從童書十分匱乏的環境中成長的，多數人除了安徒生、格林之外對童書世界幾乎一無所知。實際上，寶寶的文學世界是一片非常廣闊的美麗世界。

　　對學齡前和學齡初期的寶寶來說，圖畫書是最適合他們的讀物。在國外，圖畫書是一種相當成熟的文學樣式，在英美叫做「picture book」，在日本叫做「繪本」。最早的圖畫書的作者是英國的波特，大概110年前，她爲了安慰一個病中的小男孩，創作了《兔子彼得的故事》。波特爲圖畫書樹立了一個典範，就是圖畫的表現力和敘事能力絲毫不遜色於文字。

　　心理學家對圖畫書的閱讀提供了很多建議。比如，內容要比較容易，要適合寶寶的年齡。但「容易」的標準是什麼呢？研究顯示，重複的句式、重複的語詞、在同一系列書中重複出現的人物或動物形象，會降低閱讀的難度。書中句子的長度和複雜性要不能超出寶寶的理解力，使用的辭彙要多數是寶寶熟悉的詞，書的長度也要在寶寶的注意力範圍之內。

經典圖畫書往往有鮮明的藝術風格。圖畫書不僅圖畫好、文字好，而且圖和文字要達到如同理想婚姻一樣的完美結合。就像松居直所說：「圖畫書不是圖畫加上文字，而是圖畫乘以文字。」如果沒有這種完美結合，最多只能叫做有插圖的寶寶書，我們市面上很多童書，大都屬於這一類型。

營養搭配，好品味的條件。如果說食品有主食，也有副食，有速食，也有精緻的美食，給寶寶選擇童書，也需要考慮到各種書籍的搭配比例。

寶寶圖畫書的分類有三種，一種是「故事書」，這種書是寶寶的小說；一種是「知識書」，這種書是寶寶的百科全書，比如介紹汽車的書；還有一種是「概念書」，這種書相當於寶寶的廣告，是向寶寶「推銷」某種概念，比如「相反」的概念。在寶寶閱讀的領域中，這三種書彷彿三種類型的「食品」，當父母為寶寶選擇圖書時，需要注意營養的均衡，最好三種圖書都有所涉獵。

　　可惜，如今市面上很多童書都是「魚肉大餐」的類型。圖畫往往是電腦填色的，顏色看似奪目但其實很呆板。裡面人物和動物的樣子，乍看可愛，但仔細看就會發現那種「可愛」其實都很模式化，看一本和看十本沒有什麼差別。內容有的是經典童話抽筋剝皮的改寫，只剩下啓承轉合，有的則粗製濫造，禁不起推敲。至於文字，有的閱讀起來毫無美感，有的則完全不顧讀者的年齡。這種速食類型的書，營養貧乏，製造快，被遺忘得更快，不能成爲寶寶食譜中的主要成分。

第十一節 和寶寶一起閱讀

親子共讀是製作美食的過程。再好的原料，不經過精心烹調也無法成為美食。好的童書同樣需要好的閱讀方法。把讀書當成一件特別功利的事情，往往就會把寶寶讀書的快樂給磨滅了。比如說提問本來沒錯，但讓寶寶像應付考試一樣就很無趣。強迫寶寶認字就更是如此。大人應該以玩的心態來和寶寶一起讀書。

經典的圖畫書，應富於情感地讀給寶寶聽；在寶寶熟悉之後，可以分角色讀、表演劇、做手工活動等等。溫馨浪漫的書，如《提姆與莎蘭》，適合讓媽媽來讀；而誇張的、帶有陽剛氣息的書，如《我是霸王龍》，可以請爸爸來讀。在讀書之外，還可以拉著寶寶聊書，或與志趣相投、和寶寶年紀相當的好友一起舉辦「小小讀書會」。

選書時，什麼是好書的標準？魔法媽媽羅琳的偶像——英國作家C. S. 劉易斯（《納尼亞傳奇》）說：「只能被寶寶欣賞的寶寶文學，是不良的寶寶文學。」好的童書不僅被寶寶喜歡，同樣能引起大人的尊重和喜愛。所以不必再為揣度寶寶的心思焦慮了，理直氣壯地選擇你也會喜歡的童書，而不是順應寶寶盲目喜歡的「奧特曼」。

「玩」書的方法，無非歸結為兩方面：一、堅持以享受的心情親子共讀；二、努力營造適合的閱讀環境。正如松居直所說，能夠感受

到的是一種「從內心的深處、從存在的根底湧上的喜悅」。這種喜悅其實才是親子共讀最美好的地方。閱讀並不是修行。成功的親子共讀的秘訣，是與寶寶一起享受閱讀的快樂，透過愛的傳導，讓寶寶熱愛書籍，讓快樂閱讀的習慣陪伴寶寶終身。

第十二節 寶寶的早期閱讀從分享開始

選好寶寶「愛看」的第一批書，使寶寶對書產生好感，是培養閱讀興趣的第一步。

在寶寶剛剛接觸閱讀的時候，讀物的選擇是非常關鍵的。分享閱讀故事的確定與製作是非常講究的，它的設計與編寫符合寶寶的年齡特點和認知發展特點。

（1）分享閱讀故事的選擇技巧

1.分享閱讀故事的主題和內容豐富有趣。有的故事發生在寶寶熟悉的情境中，如家庭、公園；有的故事會讓寶寶感到新奇，如小怪獸、太陽系行星；故事的主角有時是活潑可愛的小動物，有時是一般的小朋友。這些故事的情節發展符合寶寶的想像和思維特點，因此，對初學閱讀的寶寶來說，非常具有吸引力。

2.分享閱讀故事的語言優美自然，辭彙豐富。每個語詞、每個句子都經過了反覆的推敲，根據寶寶的言語能力和理解能力進行編寫，遣詞用句時充分考慮寶寶的可理解性、熟悉性和生動性。寶寶聽這些故事時，會覺得生動有趣，當他們嘗試模仿和自己閱讀時，又是簡單淺顯的。因此，寶寶能順利地從「聽故事」過渡到自己「講故事」，體驗到成就感和勝任感，這種喜悅的心情會進一步提高他們的興趣和

動機。

3.分享閱讀故事的一個重要特點就是插圖的輔助作用。自分享閱讀誕生以來，圖文並茂、色彩斑斕的大書就一直是它的核心特色之一。分享閱讀故事中的圖畫，顏色繽紛多彩，主角形象生動可愛，背景細節豐富，誇張變形有趣而適當。這些五顏六色的插圖，一個重要目的就是吸引寶寶的注意力，調動寶寶的積極性，激發寶寶的閱讀興趣，讓他們在習慣於純文本的閱讀之前，透過閱讀圖畫，喜歡上閱讀，進而養成閱讀習慣。而且，書中的彩色插圖與文字相互對應，充分體現該段文字的內容，形象生動地詮釋了文字的含意，二者緊密呼應，在寶寶理解故事的過程中起到很好的支援與輔助作用，降低了閱讀理解的難度，提高了寶寶參與閱讀活動的積極性。

好的閱讀材料需要科學合理的培養過程，寶寶學會享受閱讀才是至關重要的。

閱讀的最終目的不在於學會一些字詞，提升語言能力，獲得考試的高分。如果寶寶學會了閱讀，卻體會不到其中的樂趣，也不會因為獲得了新知識而感到興奮，那這樣的閱讀恐怕只是一種痛苦的活動。所以，如何讓寶寶學會享受閱讀是至關重要的。

（2）分享閱讀的科學培養過程

　　1.分享閱讀是一個讓寶寶感受愛、享受愛的過程。與其說它是一個掌握知識的過程，不如說是一個寶寶與父母、老師共同遊戲的活動。在這個過程中，寶寶的第一需要——父母的愛、老師的愛——如果得不到滿足，那麼在寶寶眼中，這次閱讀就是一次沒有意思的失敗遊戲。

　　分享閱讀之所以被稱為「分享」，就是由於它強調的是「享受」，讓寶寶享受閱讀的樂趣，享受父母、老師的愛，而且這種享受是由父母和寶寶、老師和寶寶一起閱讀共同創造的。在這種閱讀活動中，寶寶帶著聽有趣故事的平常心態和父母或老師一起閱讀，目的既不是為了讓寶寶學習知識，也不是評價寶寶，因此，寶寶的感覺輕鬆愉快。閱讀活動中的視覺、聽覺、觸覺的資訊都由大腦詮釋為安詳、愜意、深切的親情。同時，父母和寶寶、老師和寶寶相互之間充滿著親情的暖風，在共同的快樂中增進理解和默契，使閱讀成為一種甜蜜的享受。

　　2.分享閱讀幫助寶寶從聽故事順利過渡到讀故事，體驗到自己閱讀的成就感。分享閱讀強調同一個故事的閱讀活動要反覆進行多次，這是由於分享閱讀是一種照著書本的逐字逐句的朗讀，隨著閱讀活動的多次重複，寶寶可以變得越來越熟悉故事中的語言。於是，在父母朗讀的同時，他開始試著跟隨一起朗讀。寶寶的這種模仿具有很

高的價值，正是透過這樣的模仿，寶寶開始從被動聽故事，一步一步地參與到閱讀中，在其中發揮越來越大的作用，並最終過渡到自己主動讀故事。當他最終能夠進行朗讀的時候，會發現閱讀並不是一件高不可攀的困難之事。在閱讀了多個故事之後，把以前曾經閱讀過的故事拿出來再次閱讀，寶寶會像遇到一個老朋友那樣興高采烈。此時的分享閱讀，已經不需要父母的太多參與，只是在必要的時候給予幫助即可，這時的寶寶會覺得自己真正獨立進行了朗讀，進而獲得極大的成就感。他會感覺到自己很了不起，擁有了閱讀的能力。這種勝任感會促使他進行更多的閱讀活動。

3.分享閱讀是一種遊戲，寶寶在分享閱讀過程中沒有任何壓力，輕鬆而愉快。分享閱讀強調寶寶學會閱讀，而不是在閱讀中學習。所謂「學會閱讀」，就是指體驗到閱讀的樂趣、掌握閱讀的技能、養成閱讀的習慣。在分享閱讀中體驗閱讀的樂趣，更是分享閱讀的出發點

和達到其他目的的基礎。

分享閱讀強調在父母和寶寶之間創設輕鬆、和諧的氛圍；強調讓寶寶跟隨父母反覆朗讀，並即時表揚；強調分享閱讀不以識字為主要目的，也不是為了學習知識，而是為了讓寶寶能夠把閱讀活動和一切愉快的情緒體驗聯繫起來，喜歡閱讀。

但要注意的是，閱讀做為一種後天習得的能力，需要多次的實踐與練習才能掌握和提高。只有寶寶喜歡閱讀，願意閱讀，真正閱讀了，才有可能談得上閱讀技能的掌握與提高，談得上閱讀習慣的養成和鞏固。因此，在進行分享閱讀活動的時候，盡量少批評寶寶，避免傷害他的閱讀積極性，應該把它看成是一種親子遊戲活動，而不是一種教育行為。

4.寶寶是分享閱讀活動中的主體，是受益者。有一種現象值得注意，很多家庭把閱讀活動變成以識字為首要目的，用相當多的時間檢查寶寶是否掌握了生字、文章的主要內容等知識性內容，使寶寶誤以為閱讀是為了達到父母的滿意和喜愛。不是寶寶「我要讀」，而是父母「要我讀」。對寶寶來說，閱讀成了一種與消極情緒密切相連的活動，長此以往，他怎麼可能喜歡上閱讀呢？而分享閱讀做為一種並非以學習為目的類似遊戲的活動，其發生和結束沒有任何的強制性，寶

寶才是閱讀活動的發起者、組織者、行動者、評價者以及受益者。寶寶出於興趣發起閱讀活動，在閱讀中沒有明確的學習目標以及預定的效果標準，避免他人評判對寶寶造成心理壓力，對寶寶的閱讀積極性造成損傷。在安全自主的氛圍中，讓寶寶逐漸喜歡上閱讀，這對他今後的發展是最有價值的，也應該是父母從事分享閱讀的根本出發點。

理想的寶寶閱讀方法，除了能夠促進寶寶的基本知識、基本技能的發展，更重要的是培養寶寶對閱讀活動的積極態度，養成良好的閱讀習慣。熱愛閱讀將使寶寶受益一生。養成良好、持久的閱讀興趣和習慣，是終身學習的重要條件。

第十三節　適合1～3歲寶寶閱讀的圖書

　　根據大腦和身體的發育情況，寶寶在不同的時期對圖書的要求也是不同的。如果媽媽一不小心給了孩子不適合的圖書，那麼寶寶就有可能會有拒絕閱讀的行為出現，讓原本快樂的讀書時光變得不和諧起來。所以，掌握為不同時期的寶寶選擇圖書的原則是極為重要的。

（1）寶寶在不同時期準備的各種圖書

　　1歲以前：

　　1.給寶寶買用布或無毒塑膠製成的「撕不爛的書」，這些書容易清洗和消毒。

　　2.寶寶比較喜歡簡單、清晰、色彩鮮豔的圖書。特別是有大幅圖案和簡短文字的圖書最能有效提高寶寶的語言發展水準。

　　3.有簡單的韻律、動植物圖片和娃娃笑臉的圖書，最受青睞。

　　2歲時期：

　　1.給寶寶買一些結實的立體書。

　　2.送給寶寶圖畫較多的兒歌書籍，或有著簡單情節的童話書。

　　3歲時期：

1.給寶寶選擇有著豐富情節的故事書，特別是那些對簡單文字做出特別標注的圖書。

2.給寶寶看參與動腦和動手的智力圖書。

3.日常規範、方位概念等啓發教導性的圖書也是應該給寶寶準備的。

（2）不同時期的讀書方法：

父母對讀書的熱愛會感染寶寶，爸爸媽媽首先要成為一個好的讀者，為寶寶樹立榜樣。

3歲以前，寶寶的讀書方式基本都是親子共讀，因此父母在這裡發揮的引領作用相當重要。

1歲以前：

1.從寶寶出生起就開始給他大聲朗讀報紙、雜誌、小說、詩歌或童話故事的某些片段。媽媽讀的內容對嬰兒而言並不重要，重要的是媽媽的聲音以及你們一起度過的親子時光。

2.讓寶寶儘早接觸書本，越早越好，使書籍成為寶寶生活的一部分。

3.和寶寶依偎在一起讀書，這會使讀書變得令人愉快，也讓寶寶

從小就感覺到讀書其實是一件非常有趣的事情。

2歲時期：

1.媽媽先和寶寶一起看圖片，而不看文字。讓寶寶描述他所看到的，可以提高他的語言技能。當他學會如何傾聽時，再開始給他講故事。

2.讓寶寶自己翻書。他可能會跳過幾頁，或倒著看書，不要擔心他不會「正確」閱讀，讓他充分享受和書在一起的樂趣。

3.每天讀書時，寶寶可能會時常出現出神的情況，但很快又會回來。在他學習坐下來聽媽媽讀書的過程中，媽媽要有耐心。

4.當媽媽給寶寶讀書時要摟抱或依偎著他。

5.在小籃子或小桶裡裝滿書。到了讀書時間，就讓寶寶從中挑選兩、三本他喜歡的書。

3歲時期：

1.固定閱讀時間。時間訂在寶寶入睡前或白天的某個時候，選一個舒適安靜的地點，在那裡你們可以共同閱讀、討論一本書。記住每天都要這樣做！

2.讓寶寶按照自已的速度提高閱讀能力。不要在他沒有準備的情

況下，強迫他讀書。要用有趣的方式為他打好基礎。例如：「你能告訴我那個牌子上寫的是什麼嗎？」

3.找一些不帶文字的圖片書，讓寶寶練習看圖說話。

4.一起尋找學習的素材，認識文字。寶寶可以在報刊雜誌、食品包裝、廣告、錢幣、購物單等上面發現學習素材。

5.把書當作珍貴的禮物送給寶寶。經常帶寶寶去書店或圖書館，讓寶寶自己挑選喜歡的書，並幫助他建立個人圖書館，告訴他書籍真的是好禮物。可以這樣對寶寶說：「我非常喜歡收到書做為禮物！書帶著我們進行偉大的探險。」

第十四節 親子閱讀容易出現的誤解

0～3歲的小寶寶還不能夠自己讀書，這個時候的閱讀主要是由爸爸媽媽的「陪讀」來完成的。寶寶特別喜歡和爸爸媽媽一起讀書，一些好聽的故事、好玩的事情和可愛的小夥伴，都是爸爸媽媽從書上看到並講給寶寶聽的。因此，在寶寶看來，書籍是多麼神奇的世界呀，自然而然地，寶寶就會因此對圖書產生了濃厚的興趣，爸爸媽媽也就成功地為寶寶打開了一扇通往神奇世界的窗口。但是，這個時候的親子閱讀也是最容易出現誤解的，歸納起來主要有以下幾點：

誤解1：閱讀就是識字

曾經看到一位媽媽一個字一個字地給寶寶讀《嬰兒畫報》，還用手指著這個字，根本就不看畫面，寶寶充滿疑惑地看著一個個漢字，彷彿他自己都在問，難道這就是讀書嗎？這時候的寶寶也許對漢字根本就不感興趣，這樣子讀書，只會讓寶寶對書越來越反感。其實，圖書就是一種工具，是打開知識寶庫的鑰匙，寶寶透過它可以瞭解到很多很多美好的事物。

誤解2：閱讀就是讀懂情節

寶寶的認知能力是有其發展特點的。對1歲半以下的小寶寶而言，他根本就不關心這個故事到底怎麼樣了，他感興趣的是一個個自己喜

歡的單獨畫面，從這些畫面上，他們可以認識這是蘋果、那是黃瓜，蘋果是紅色的、黃瓜是綠色的。所以這個時候和寶寶讀書，可以不按故事情節講，講寶寶喜歡的畫面就好了。即使對大一點的寶寶而言，讀書也不僅僅是「閱讀理解」，他們從這些書裡看到了新的事物，學到了新的知識。

誤解3：按照爸爸媽媽意願選書

有些爸爸媽媽有很多培養寶寶的雄心壯志，什麼時候讀哪一本書，都有詳細的計畫。可是他們往往忽略了最重要的事實，那就是寶寶的興趣。可能你為他選的書他根本就不喜歡，硬塞給他，慢慢地他就會對讀書失去了好感。所以在閱讀過程中，媽媽可以細心觀察寶寶的興趣點，再以此為基礎，給寶寶提供適合他年齡層和他喜歡的閱讀素材，這樣他才能真正喜歡閱讀。

誤解4：把讀書做為一種懲罰的手段

有的父母以逼迫方式要求寶寶讀書。媽媽正忙著做晚飯，寶寶偏讓媽媽陪他玩，媽媽不耐煩地說：「自己看書去！」當閱讀成為一種懲罰，寶寶就會對讀書失去興趣。

誤解5：家裡有的書就不可以再買

寶寶在書店看到了自己喜歡的書，拿著不放，媽媽卻說：「汽車

的書家裡已經有了，不再多買了。」其實這只是大人的想法，同樣是汽車，只要有一點點差別，寶寶就會感到新鮮。寶寶們不愛惜書的理由之一，就是因為給他買的書不是他真正喜歡的。

誤解6：寶寶讀書必須持之以恆

有的時候，寶寶剛才明明還在看著書，卻不知道什麼時候就跑開去玩別的玩具了。這時候媽媽最好不要把他抓回來重新坐在那兒讀書，因為小寶寶的專注力不像你想像的那樣好，堅持一會兒就不容易了，當他覺得又該玩「讀書」這個遊戲時，自然會纏著你講個沒完了。

第十五節 親子閱讀應注意的方法

1.寶寶對他愛聽的故事是百聽不厭的，父母對這樣的內容應該不厭其煩地反覆閱讀。

2.閱讀最好採取互動形式，可以給寶寶提問題，如：「這是什麼呀？」、「這個蘋果是什麼顏色的？」；反覆閱讀三、五次後，還可以鼓勵寶寶說給媽媽聽；或者是等寶寶對內容熟悉了以後，媽媽寶寶交替閱讀，媽媽說上一句，寶寶說下一句。

3.鼓勵寶寶的翻書行為。在小寶寶眼裡，書本就是一種玩具，翻書就是一種遊戲方式，但這種遊戲方式可以看做是早期閱讀的準備，可以透過這樣簡單的動作來培養寶寶閱讀習慣和興趣。另外，和寶寶一起讀書，他翻到哪頁就講哪頁好了，不要因為翻錯頁而阻止他翻書，這樣才不會影響寶寶的熱情。

4.「看圖說話」是很好的方法。媽媽可以找一張漂亮圖片，給寶寶講一個故事，故事可以即興發揮。

5.「照本宣科」同樣也是不能缺少的。像很多童話故事中很多非常優美的地方就一定要讀出來。安徒生的《醜小鴨》描寫一所破舊的房子，說：「它是那麼殘破，甚至連向哪一邊倒都決定不了——因此它就沒有倒。」這樣風趣而又富有濃郁詩意的語言，一定要讀給寶寶

聽。讀書時可以用一些戲劇化富有變化的聲調，讓寶寶覺得其樂無窮。

6.在家裡營造一個讀書氛圍。寶寶還特別愛模仿大人，見爸爸看報紙，他也拿來看，雖然他拿著報紙的字都是反的，根本不知所云，但他起碼覺得看報紙是一件不錯的事情。所以爸爸媽媽以身作則，營造一個熱愛讀書的氛圍很重要。

7.爸爸媽媽可以將書中的人物換成寶寶的名字或寶寶熟悉的人名字，寶寶就會更愛聽、更愛看。

8.寶寶對和生活經驗相關的圖書感興趣，如寶寶喜歡家居或者做飯，就可以給他準備這方面的閱讀素材。

9.閱讀素材不只侷限於圖書，如超市裡的宣傳畫和寶寶的生活非常近，寶寶就非常愛看。

10.讀書時，如果爸爸媽媽不能用標準的國語閱讀，最好買些CD，結合圖書來閱讀或者講故事。

第十六節 輕鬆的親子閱讀要領

和寶寶一起讀書，也要適合寶寶的認知特點和接受能力，爸爸媽媽需要掌握一下要領，這樣就能輕鬆應對了。

要領一：選書適合

不同年齡階段的寶寶需要不同種類的讀物。1歲以內的寶寶視力發展還不成熟，要選擇色彩豐富的大圖片；1～2歲的寶寶認為所有的事物都像他一樣能動、會說話，非常想知道它們之間都發生了什麼故事，因此情節豐富的童話如《白雪公主》、《醜小鴨》等等對寶寶很有吸引力；2～3歲的寶寶可以讀一些知識性較強的書，掌握一些諸如分類、顏色、形狀、大小、遠近等概念。有時候，寶寶的生活中無法直接接觸到這些概念，書中具體的圖像能使他快速地理解事物之間的抽象關係，進而跨入一個更寬廣的知識領域。

要領二：讀得生動

在給寶寶讀書、講故事的時候，語言要清晰緩慢，音量一般只要使寶寶能聽清楚就可以了。但是如果父母讀書的聲音平淡如水，語調始終如一，寶寶聽一會兒就會失去興趣，心不在焉地亂摸亂動了。只有根據故事情節的發展，適當地變化聲音和語調，才能吸引寶寶的注意，讓他的思維跟著故事發展轉動。

　　有些父母抱怨自己不會像老師一樣講得生動活潑，其實，在給寶寶講故事書的時候，把生活中的高興、驚訝、傷心、生氣等情緒用較為誇張的語氣和神情表現出來，就足以使寶寶屏息凝神地進入故事情節了。例如，講白雪公主吃了毒蘋果的時候，可以將語氣轉急，表達出傷心的感情，寶寶受到這種情緒的感染，也會感到難過和不平，急切地想知道下文。

　　要領三：演得形象

　　寶寶頭腦中的圖式多為形象性的，為此，要提高親子共讀的品質，必須把「講」延伸到動作表演當中。例如，講小貓釣魚的故事時，寶寶不知道「撲」蝴蝶是什麼樣子，父母就可以表演一個「撲」的動作。寶寶看了，就很容易理解和記憶這個情節了。

　　在講寶寶已經熟悉的故事時，可以讓寶寶表演故事中人物的動作。起初，寶寶可能會手足無措，笑料百出，但還是會樂此不疲的。慢慢地，經過父母的鼓勵和指導，寶寶能夠透過表演深刻體會故事人物的情感，提高情緒智力。

　　要領四：問得關鍵

　　選擇適當的時機向寶寶提問是非常關鍵的事。發現寶寶聽故事心不在焉時，給他提一個問題，就能夠提醒寶寶集中注意力；即將講到

重要部分時，提一個問題，可以增加故事的懸疑性；當需要寶寶記住某一個知識點時，提出的問題會輔助寶寶主動地加強記憶。

故事結束後提出的問題，可以幫助寶寶理解和感受故事。例如，講完《小紅帽》的故事後，可以問：「大灰狼爲什麼要變成外婆的樣子？」、「小紅帽是怎麼發現外婆是大灰狼變成的？」需要注意的是提問的技術性，寶寶只能理解一些表面的意義，提問的順序要由淺入深，符合寶寶的理解力。父母最好把提問當作一種輔助學習的方式，而不是考驗寶寶學得如何的考試，當寶寶回答不出來時，要以鼓勵的態度提出輔助性的問題進行引導，進而拓展寶寶的思路。

要領五：想得離奇

寶寶的想像力極其豐富，他可以把一根草當成打仗時的槍、打針的針管、寫字用的筆等等。寶寶常常不按照書上的說法理解故事，一個個稀奇古怪的問題，都能從他的口中冒出來。瞭解這一點對父母而言很重要！父母不要因爲這些想法與書上的內容不一致，就強迫寶寶把思路統一在書本的標準上，這樣做的結果是扼殺寶寶的想像力，打消寶寶主動思考問題的積極性。

故事書不過是父母給寶寶講故事的一個「腳本」，故事的情節可以按照書上寫的發展，也完全可以不這樣進行。如果寶寶能夠另闢蹊

　　徑，編導自己的小故事，顯示寶寶在自覺地展開想像，發揮自己的思維來思考問題，父母應爲寶寶自己學會動腦筋而感到高興，盡量鼓勵寶寶這樣做。

　　愛心提醒：

　　和寶寶一起讀書時要確保光線充足、柔和，以保護寶寶的視力。周圍環境不能太吵，以免寶寶分心。親子共讀重在培養寶寶的閱讀習慣，因此最好規定固定的讀書時間，如果此時寶寶的精神狀態不好或者十分興奮，也不要勉強寶寶讀書。

第八章 學習典故是寶寶天才思維持續發展的秘訣

第一節 對寶寶進行適當典故教育

在幼兒時期，讓寶寶在語言學習上背誦一些典故，就好比在電腦裡輸入了資料，愈多愈好，選擇愈珍貴的愈好，「食古」多了，其中自會有所醞釀發酵，將來寶寶理解力發展到了一定的程度，自然就會「活用」起來了。我們雖然不能像考數學那樣確切判定他一定懂還是不懂，也不能像實驗室做實驗一樣預測他什麼時候能用得上，甚至怎麼用，但我們至少可以知道的是：預備著總比不預備好，寧可預備了而不用，也不要等到要用時，一無所有，事到臨頭，只憑原始的一點聰明，因為刺激而反應，常不免慌亂失措，窘態畢露。

有的人說典故教育是可以暫時不懂，但將來卻有大用的，若再進一步說，光從「用得上用不上」的角度來衡量典故教育，也還是有失偏頗的，讓一個寶寶接受典故教育，讀《三字經》、《千家詩》、唐詩宋詞，接受傳統文化的薰陶，是要他長遠地、默默地變化其氣質，使他的生命陶鎔出某種深度，以維護人性光輝，以提升人格素質，以造就人才，以陶鑄大器，這其實是很多父母們的期盼！

225

　　現今社會上和校園中問題青年和問題學生愈來愈多，大家都知道，原因不是出在經濟上，也不在聰明不聰明上，甚至也不是知識夠不夠的問題，而是文化教養的問題！文化教養存在的問題，其來已久，病怎麼來就要怎麼去，我們必須重植文化之根！而植文化之根的最簡易可行的策略，即是教寶寶讀經和典故，使他及早受到文化的浸潤。有些現代人的心態，凡不能一時見效的，就等不及，凡不能供將來耍嘴皮爭名位的，就認為沒有用，這是社會風氣的膚淺，是人世間的衰象！要給寶寶讀經，這些陋習鄙見均須淘濾淨盡。

第二節 父母如何對寶寶進行典故教育

對寶寶進行典故教育很簡單，就是找機會讓他多接觸，多唸多背，只此一訣，別無他巧。

最簡單的方法就是，父母唸一句，寶寶跟著唸一句，唸完一段了，再帶一次或兩次或多次，然後叫寶寶自己唸，寶寶邊唸，父母可以邊提醒。唸熟了，再慢慢教寶寶背誦。背誦不一定要全部背誦，要分成許多小的章節讓寶寶背，如果必要就在每一章節的開始對寶寶進行適當地提醒。

教的順序最好又最簡單的方式是按經文，從頭教起，一章教完了教第二章，接著第三章等等，尤其像《論語》、《老子》、唐詩一類的書，根本沒有所謂重要不重要可選擇。而且或長或短並不會造成妨礙，因為短的可以連幾章而變長，長的可以切成數段而變短，等到寶寶背熟了，他反而會喜歡長詩長文，他一背起來，就像長江大河一樣，滔滔而下，其樂融融。

至於要讀什麼經，這裡有一份書單：四書（《論語》、《孟子》、《大學》、《中庸》）當然必讀；《老子》、《莊子》、唐詩（三百首，尤是七言古詩）；《古文觀止》，能全讀最好，否則挑重要（不是挑簡短的）的背；《楚辭》、《昭明文選》等也一樣。再有

時間，宋詞、元曲也都是文學中的典故之作，值得背。當然這些東西不一定是要全背，最好根據寶寶的興趣和能力進行選擇。

家庭中由父母自己教自己的寶寶，教學時間的安排和教學進度的推展都是很自由的，要選在寶寶睡好、吃好、精神狀態佳的時候，最好學之前先徵得寶寶的同意，只有寶寶自己有興趣，才可能學好。

每次教寶寶的時間不要太長，因為寶寶的注意力可以集中的時間是有限的，如果強迫寶寶長時間背誦，寶寶反而會很反感。一般來說，一天唸個二十幾分鐘就差不多了。這樣利用零星時間，不但不會增加寶寶和父母的壓力，反而可以收到讀經之樂和受到典故的教育和薰陶。

第三節 幫助寶寶提高讀經的興趣

教寶寶讀經，經常遇到的難題是寶寶提不起興趣，有很多父母都備受壓力，甚至放棄，這是很可惜的。在這裡我們只提供一些可行的建議，希望我們的這些建議能夠讓此類的問題能夠發生少一點或者不再發生。

（1）「流行」可以製造興趣。寶寶心理是很重模仿的，如果他看到很多人都讀，就比較有興趣，就好像有的寶寶不一定喜歡上學，但人人都上學，他就上學了。他也並不一定喜好鋼琴、喜歡英文，但大家都去學，他也就不會排斥了。所以一人讀經較難，如招集鄰居親友的小孩一起讀，則興趣將大為提高。

（2）「大人的熱力」可以感染寶寶的興趣。身為父母，一定要保持高度的信心和熱忱，若起初寶寶未進入情況，須有耐心去等待，有些父母不但有興趣，而且真的和小孩一起讀經，互相考試比賽，雖然每次都是大人輸，但大人也因此溫經受益，而且一家興致高昂，是最好的親子活動。「情感」可以維繫興趣，父母平日與寶寶情感濃厚者，較易帶動興趣，老師讓寶寶覺得可親，寶寶也會因喜歡老師而喜歡讀經。

（3）「成就感」可以提高寶寶興趣。讀得愈好愈喜歡讀，所以父

母要維持其成就感,取得成績時要多加稱讚,讓他有成就感,對功課差些的寶寶,只要有進步即應表示滿意,加以讚賞,這也會讓他得到一種成就感。

(4)「獎勵」可以吸引其努力。獎勵的方式很多,最方便的是給分數,寧可給高分,有恩惠而不花費,空歡喜也有效果。

(5)「變花樣」可以激勵興趣。讀經所能變的花樣是在讀的方式上,或快或慢,或吟或唱,或帶讀,或齊讀,或接龍,或默讀,或當場試背,或提問徵答,都可以。但如不會變花樣,只平平常常亦可,有時平平常常也有一種引人的氛圍,其中也有趣味。寶寶的感應最靈敏,他也會被誠懇所感動,並不是非玩花樣不可的。

(6)如果有些寶寶依然提不起興趣,而且反抗太大,則放一放、停一停也沒關係。

第九章 培養天才寶寶應注意的事項

第一節 對寶寶實施語言教育的三個原則

對寶寶實施教育有以下幾個原則。這些原則不僅對寶寶適用，對學齡寶寶同樣適用：

第一個原則：一定要相信自己的寶寶是特別聰明的，不比任何寶寶差。

幼兒階段的寶寶已經顯出了智力的差別，不管你的寶寶智力表現出色一點，還是稍微比別的寶寶差一點，你都要堅定地相信，寶寶是聰明的。

除非是先天大腦發育缺陷，健康寶寶大腦的潛力都很大，哪怕這個寶寶不是遺傳因素最優良，即使最一般的寶寶只要對其大腦潛力開發的比例略高一點，都可以成為天才。

一個智力普通的人，如果對他大腦的開發達到百分之四、五十，其工作能力是很多天才大腦也許都達不到的。

人類大腦的潛力非常大，只要你相信自己的寶寶不比別人差，

231

雖然他現在落後了一點，但是你相信寶寶是聰明的，同時注意開發，都能夠成爲天才。有些寶寶在嬰兒時期智力開發一般，學習興趣也不濃，向上心和自信心也不那麼強烈，怎麼辦呢？父母不要著急，只要現在開始補課一點都不晚。

能力的培育與性格的完善密切相關。

第二個原則：寶寶學習能力的培育與性格的塑造、完善密切相關。

寶寶的學習能力帶有很大的性格色彩。

寶寶時期是寶寶性格初次表現的一個階段。寶寶之間的差異極大地表現爲性格差異。

有的寶寶任性、有的寶寶淘氣、有的寶寶好動，還有的寶寶攻擊性比較強。這都可歸爲活潑好動的一類。

有的寶寶動作比較遲緩、性子比較慢，有的寶寶比較嬌氣、愛哭，有的寶寶不愛說話、膽怯、見人靦腆。這又可以歸爲比較內向的一類。

這時你說不上哪個寶寶一定學習好，哪個寶寶一定更聰明。只能說這個寶寶調皮，那個寶寶不愛講話。

第三個原則：進行因勢利導的教育。

對不同性格的寶寶要因勢利導。學習能力的培育，肯定要根據寶寶的不同性格採取不同的方法。大體的態度是一樣的，培養寶寶的積極性，欣賞、誇獎、鼓勵。

第二節 認眞觀察寶寶各年齡層的生理變化

近來科學家研究，嬰兒寶寶腦組織的發育還離不開一個豐富多彩的環境和給予嬰兒寶寶各種刺激及教育機會。例如：中國明朝朱棣奪取王位時，爲了鞏固王位，又不遭天下人的議論，陰謀險惡，將建文帝的幼子關了50年之久，雖然每天供給食物維持生命，但是不讓他接受外界任何教育和刺激，而且環境單調，所以釋放時已成白癡。又例如：1970年在美國加利福尼亞州發現一個「人工野孩」吉妮，寶寶出生時是正常新生兒，在嬰兒期也是正常的。但是從第20個月就被她的父親關閉在小屋裡，無人理睬，寶寶長到13歲才被發現救出。後來科學家對她進行了8年的教育和研究，最後認定：吉妮的大腦由於缺乏早期生活經驗薰陶和教育已經受到永久性的損害，不可能恢復。因爲錯過了生活經驗發育的關鍵期，這種隔離發生的越早，造成的損害就越嚴重。也就是說在關鍵期內越早給寶寶進行教育，寶寶的大腦就越聰明、靈活。

例如：寶寶4～6個月是吞嚥咀嚼關鍵期；

8～9個月是分辨大小、多少的關鍵期；

7～10個月是爬行的關鍵期；

10～12個月是站立行走的關鍵期；

2～3歲是口頭語言發育的關鍵期，也是計數發展的關鍵期；

2.5歲～3歲是立規矩的關鍵期；

3歲是培養性格的關鍵期；

4歲以前是形象視覺發展的的關鍵期；

4～5歲是開始學習書面語言的關鍵期；

5歲是掌握數學概念的關鍵期，也是寶寶口頭語言發展的第二個關鍵期；

5～6歲是掌握語言辭彙能力的關鍵期。

　　對於關鍵期，不同的寶寶也不完全一致，存在著一定的個體差異，在腦的發展過程中存在著不平衡性。

　　我們應該在早期教育中抓住關鍵期，為寶寶提供一個豐富多彩的環境，給予寶寶符合大腦發育特點的各種刺激及教育機會，讓寶寶的各種能力，包括視覺、聽覺、觸覺、味覺、嗅覺等感覺；知覺；語言都在相對的階段得到即時的發展。

　　另外我們還要讓寶寶去聽音樂會、去欣賞畫展、去看歌舞、去看體育技能比賽、去看動植物、到大自然中去觀察千姿百態的各種現象。透過他們的感覺器官將聽到的、見到的、感知到的大量資訊搶先注入到大腦裡。使得大腦成為儲存資訊的大倉庫，彙聚知識河流的大海洋。

第三節 避免陷入「神童化」教育的陷阱

學齡前的寶寶應該有一個歡樂的童年，讓寶寶們在「玩」的過程中，去觀察世界，去體驗生活，促進想像力的發展，促進思維力的發展，啓發和誘導寶寶的創新思維。爸爸媽媽們，必須採取科學的措施，實施生動活潑的引導方法，因勢利導，循序漸進，激發寶寶學習的興趣，在人爲的良好的情緒下，在玩中教，在玩中學，讓寶寶在玩中不知不覺學到知識。

那些倡導「神童化」的教育，認爲3～4歲的寶寶可以認識幾千個字，能捧著《水滸傳》、《三國演義》通讀。這樣的寶寶畢竟是極少數。他們讀書的時候，既不明白書中的內容，也不全明白每個字的意義。他們被大人剝奪了歡樂的童年，大部分的時間被強制去死記硬背，培養成爲機械的讀書工具。這樣的寶寶可能短時間在某個方面似乎超常，但是由於他們沒有學習的興趣，缺乏進一步努力的欲望，隨著時間的推移，由於缺乏生活能力和基本的生活經驗，他們會逐漸落後於同年齡人。這種強烈的反差，又使之產生心理障礙，導致庸庸碌碌，沒有作爲，影響了他的一生。這樣的例子比比皆是。

我們的一些父母，希望自己的子女成龍成鳳，對於兒女寄託了無限的希望，這是正常的，可理解的。可是有的爸爸媽媽回顧自己走過

237

來的道路，更希望自己一生中得不到的東西能在自己子女的身上得到補償。所以在某些輿論的宣傳之下，就容易盲目跟從，隨波逐流。一些父母的虛榮心作祟，造成攀比之風十分嚴重，唯恐自己落後。在這種思想的指導下，在幼稚園的寶寶，如果是老師沒有像小學那樣教寶寶學語言、數學，就會意見紛紛。人家的寶寶學習鋼琴，我家的寶寶也要學。人家的寶寶學習英語，我也請家教教英語。人家的寶寶學電腦，我家的寶寶也要跟上。完全不顧寶寶的興趣和潛在的能力。這需要父母正視自己，端正教育的態度。

只有我們的父母用平常的心態對待寶寶，依照大腦發育的客觀規律，給予寶寶相對的教育機會。我相信我們的寶寶一定會在各個方面顯露才華。

第四節 不要讓應試教育束縛了寶寶的手腳

我國的應試教育制度是側重語言智慧和數學邏輯智慧。因此也就使得父母很早就關注寶寶的語言和數學的學習。因此，就出現不顧寶寶的身心，不顧寶寶的興趣，從嬰兒時期起就開始大量認字，計算數學題。走上了強化左腦的道路。

一些教育工作者也認爲衡量寶寶聰明與否，就是看寶寶智商的高低。這些簡單的數字，就決定了寶寶的一生。有的寶寶功課不好，老師也願意讓父母給寶寶測測智商，好像寶寶智商低，就與他教學沒有關係了。有的父母也願意給寶寶測智商，其實智商的測定是有侷限性的，它也是注重語言智慧和數學邏輯智慧，而且受環境、寶寶的情緒的影響。智商實際上是不能反映寶寶眞正的智力水準。

美國哈佛大學教授霍華德‧加德納提出多元智慧，說明人有多種智慧：語言智慧、數學邏輯智慧、音樂智慧、肢體動覺智慧、空間和視覺智慧、人際關係智慧、內省智慧等。同時說明每個人都有這幾種智慧。每個人都有不同的智力組合，每種智慧在人的成長過程中都有不同的關鍵期。例如：數學人才一般在40歲以前做出成績；音樂人才可以從3歲開始培養，像莫札特5歲作曲就出了名；運動員也必須在14、15歲以後才能做出成績。

因此，每個寶寶都有弱項和強項。以往的教育採取的是「補弱項」，因而造成寶寶越補越糟糕，失去了學習興趣，強項也被廢棄了。沒有了學習的動力，造成了自暴自棄，厭棄學業。目前有的早教工作者也認為，應該「發揚強項」，捨棄弱項，讓寶寶自由發展，讓他們在他們擅長的領域裡盡顯其才，認為補弱項是浪費時間、無聊的事。這個見解恐怕父母和教育機構都不認可。

對於每個寶寶某項智慧表現的突出，就應該鼓勵和發揚他的強項，讓他為自己的強項感到自豪，樹立信心，勇於面對自己的弱項，以強帶弱。這樣強項更強，弱項也不落後。這樣的教育思想就能保證每個寶寶都能成功。

身為合格的父母就應該善於發現自己寶寶的智慧，採取不同的策略，儘管有的寶寶這種智慧當時還沒有顯現出來（潛能），這就需要我們的父母耐心的觀察寶寶，以平常的心態來對待自己的寶寶。一旦發現寶寶某種智慧的苗頭，就要愛護它、鼓勵它、引導它、尊重寶寶的意願，允許寶寶去發展它，說不定一顆耀眼的明日之星就在你的身邊升起。

第五節 每個寶寶有一顆玻璃之心

寶寶眞的有顆玻璃心，那樣敏感而又透明，父母的言語其實在塑造著他們的品格。

父母不要總是把寶寶當成懵懂的小寶寶，要像對待大人一樣與他交流，在寶寶面前講話也要非常小心。比如總是對朋友講寶寶表現得好的地方，比如「寶寶很愛整潔，玩具玩好了，自己能放到原來的地方」等等，漸漸你就會發現，寶寶會努力地朝你讚美的方向靠攏，不但自己整理玩具，而且還敦促家裡的其他成員。

父母應該知道的是，寶寶在1歲到1歲半左右才能發出最初的有意義的音節，但他們對語言的理解在更早的時候就已經發生了，6～8個月的時候聽到父母說「抱抱」，寶寶會馬上舉起手等父母抱。

有的父母以爲寶寶語言表達尙未成熟，不太可能聽得懂大人的交談，其實是忽視了寶寶語言理解能力的發展。千萬不能小看寶寶的語言理解能力，很多父母因爲寶寶「說不出」，就以爲寶寶也「聽不懂」，因此常常採取「俯視」的姿態和寶寶講話。而恰當的說話方式應該是一種「平視」的姿態——從寶寶可以理解大人的話語意圖開始，就把寶寶當成和自己一樣有語言理解能力的人和他們交談；當寶寶處於旁聽者的角色，也要像尊重和自己有同等認知能力的大人那樣，顧及寶寶的感受和想法。我們經常看到，很多寶寶懼怕幼稚園，

241

就是因為父母無意間對幼稚園做了負面評價，影響了寶寶對幼稚園的最初認知。

因此，父母平視的視角和語言更有利於塑造寶寶良好的個性品格。只有平視才能比較清晰而準確地洞察寶寶的語言發展、語言風格、個性氣質，而在平視的基礎上的恰當評價則對寶寶的心智成長有積極的影響。

也許在直覺上，我們都會認為相同的家庭環境中長大的寶寶在氣質和個性上會更接近。但是，寶寶心理學家的實驗研究卻告訴我們，這個直覺是錯誤的。一對同胞兄弟從小在一起長大，另一對同胞兄弟因為某種原因在不同的家庭環境中長大。長大成人後，前一對兄弟的性格差異很大，而後一對兄弟的個性卻非常接近。為什麼？寶寶心理學家解釋，是由於父母的日常言談會影響寶寶的態度和反應，而這些反應又會喚起和強化寶寶的某些行為特質。前一對兄弟的父母對寶寶的個性評價差異很大，而後一對兄弟的父母對寶寶的評價趨同，可見寶寶的個性差異與家庭環境沒有必然關係，卻與父母對寶寶的評價有密切的關係。

寶寶的世界之豐富遠遠超乎我們的想像，俯視他們會讓我們錯過很多很多。

第十章 天才思維寶寶親子教程

第一節 親子教程之——和0～1歲寶寶玩的遊戲

（1）餵奶歌

媽媽在給寶寶餵奶的時候，可以輕輕的哼唱餵奶歌，同時說：「寶寶，媽媽餵你喝奶囉！」

媽媽一邊溫柔的抱著寶寶，一邊輕輕的拍打寶寶，嘴裡唱餵奶的歌謠：「我的乖寶寶，快把小嘴長，小寶寶，吃奶了，快快吃個飽。」

（2）學著叫「媽媽」

首先，輕聲呼喚寶寶，用輕柔的聲調給予寶寶輕柔的聲音刺激，讓寶寶熟悉媽媽的聲音。

輕輕的依偎在寶寶的身邊，把自己的臉靠近寶寶，讓寶寶用小手觸摸媽媽的臉。

哼唱兒歌：「看看媽媽的眼睛，看看媽媽的鼻子，看看媽媽的嘴巴，聽聽媽媽的聲音，認識我是誰？我是你的媽媽，寶寶叫『媽

243

媽』。」

（3）讓寶寶眼睛看著你

　　抱起寶寶，和他面對面說話，寶寶會目不轉睛地盯著媽媽。和寶寶說一會兒話後，接著可以玩眼睛追逐遊戲，讓寶寶的瞳孔隨著媽媽的移動來回移動兩到三回後休息。

（4）換尿布

　　剛出生的寶寶，大小便十分頻繁，只要發現尿布髒了，就要即時處理，尿布濕了會很不舒服。換好乾淨的尿布之後，這時是媽媽和寶寶最好的溝通時間，媽媽可以看著寶寶的眼睛和他輕聲說話。

（5）抱布娃娃，唸兒歌

　　媽媽拿著布娃娃，一邊唸兒歌，一邊指著布娃娃，唸到：「布娃娃，我來抱抱你！」把布娃娃抱在自己懷裡。再說：「布娃娃，寶寶抱抱你！」再把布娃娃放在寶寶胸前，教寶寶用手抱住。

　　媽媽可以一邊唸兒歌一邊握著寶寶的小手拍一拍，這樣還可以訓練寶寶的語感和節奏感。

（6）教寶寶禮貌用語

　　爸爸遞給寶寶一樣他喜歡的玩具，當寶寶伸手拿時，媽媽在一旁

說：「謝謝爸爸。」並點點頭或做鞠躬的動作。同時逗引寶寶模仿媽媽的動作，如果寶寶按照要求做了，立刻親親他，表示祝賀。

爸爸做離開的樣子，媽媽在一邊說：「爸爸，再見。」一邊揮動寶寶的小手說；「爸爸，再見。」

家裡來了客人，教寶寶拍拍手表示歡迎。

一週只教給寶寶一句禮貌用語，等寶寶完全學會並穩定後，再考慮教寶寶另一種。

（7）讓寶寶對著鏡子裡的自己說「你好」

寶寶還不曾有過照鏡子的經驗，第一次照鏡子，他會盯著鏡子裡的自己看個不停，不知道鏡子裡的人是誰。媽媽可以把寶寶抱到鏡子前面，跟他說：「咦！這是誰呀？這是寶寶，你好！」之類的話語。

第二節 親子教程之——和1～2歲寶寶玩的遊戲

（1）耳語傳話

你先在寶寶耳邊說一個辭彙，比如：寶寶比較熟悉的「大高樓、塑膠球」；寶寶不熟悉的辭彙「核戰爭」；四個字的辭彙「寶寶玩具、三維動畫、科普教育、恐怖事件」；多個字辭彙「南投縣的日月潭、士林夜市的小吃」，讓寶寶傳話給爸爸，看寶寶能否傳對。

同樣的遊戲方式，你還可以嘗試在寶寶耳邊說一個簡單的、有並列結構的句子，比如「我要吃蘋果、香蕉，到商場買牛奶、蔬菜」；或者增加數字的句子，比如「天上有3隻鳥，地上有2隻小白兔」；或者增加空間方位名詞的句子，比如「櫃子上面是花瓶，桌子下面是皮球」。

透過這個遊戲可以培養親子關係，讓寶寶養成認真聽人說話的習慣，提高寶寶的語言暫存記憶力和理解能力。

（2）聽音完成動作

媽媽說，寶寶做，並且提前準備好相關的物品充當道具。

1.拿毛巾幫洋娃娃洗臉（不是拿香皂，不是給小熊洗，是給娃娃洗臉）。

2.拿盒子裡的果凍給小熊（是盒子裡的果凍，不是盤子裡的果凍；果凍是給小熊，不是給洋娃娃）。

3.拿茶几上面的書講故事（不是床頭的書）。

在這類遊戲中，父母結合日常生活過程來設計就可以了。當寶寶比較配合的時候，我們在給寶寶下命令的時候想想用什麼語句，才能收到好的效果。

（3）兒歌和動作——牠們走路真奇怪！

你給寶寶準備一些有應答形式的兒歌，讓寶寶配合你的兒歌完成動作，比如：

「小白兔，真可愛，兩隻耳朵豎起來，白兔走路真奇怪，白兔怎麼走過來？」

「春天到，春天來，洞裡的小蛇要起來，小蛇走路真奇怪，小蛇怎麼走過來？」、「春天到，花兒開，美麗的蝴蝶飛過來，蝴蝶飛飛真可愛，寶寶也學著飛過來！」

父母每唸完一句，就先引導寶寶討論一下這些小動物是怎樣走路的，教寶寶模仿動物走路。然後你在反覆練習兒歌的時候，你提問：「白兔怎麼走過來？」引導寶寶完成動作，你在一旁配音回答：「白

兔這樣走過來！」反覆幾次以後，讓寶寶邊做動作，邊配音回答。

用兒歌的形式讓寶寶在遊戲中產生應答，可以促進寶寶言語交流的興趣。

（4）指五官，說功用

方法：父母向寶寶提出問題，讓寶寶回答。

1.我們的手可以做什麼？

2.我們的腳可以做什麼？

3.我們的眼睛可以做什麼？

4.我們的耳朵可以做什麼？

要點：父母要讓寶寶學說完整的話。

如「我的小手能幹活……」、「我的眼睛能看書……」

（5）口舌遊戲

1.彈舌頭。

你在寶寶面前不斷地表演彈舌頭或做連續吐舌頭的動作，引導寶寶學習。在學習的基礎上，你用誇張的動作鼓勵寶寶發連續的「啦──」或頻率相對較快的「啦、啦、啦、啦」。還可以用兒歌

「啦、啦、啦、啦，我就像一朵小紅花」，或《賣報歌》，讓寶寶學唱。需要寶寶學彈舌發出的聲音有「噠、噠」、「踏、踏」、「納、納」，讓寶寶學會連續彈動舌頭。

【講解】遊戲的目的是讓寶寶學會連續彈動舌頭，讓寶寶對連續音節的掌握程度更高，在發音上可以發出頻率更快的音節。

2、吹哨子，學發「風」。

準備小口哨，讓寶寶學習吹口哨，然後你用誇張的口型指導寶寶發「發、富、風、佛、飛」等需要發「ㄈ」的音。

【講解】遊戲的目的是讓寶寶學習掌握控制氣流，學會發輔音「ㄈ」、「ㄆ」。

3、吹紙條。

把紙條貼在寶寶的額頭上，你做示範讓寶寶把紙條吹起來，吹的時候要突出氣流的爆發力。然後你引導寶寶發「怕×××」、「拍×××」、「撲×××」、「皮×××」等發「ㄆ」的音。

【講解】發「ㄆ」的音，目的是讓寶寶學會用嘴唇控制氣流的發音，提高寶寶快速發音的能力。

4、閉嘴發音。

你示範給寶寶看：捂著嘴巴，然後發長音「ㄥ——」，讓寶寶模仿一下，如果寶寶模仿得較好，我們可以引導寶寶發「夢——」、「冷——」、「能——」等後鼻音。對於發音能力較強的寶寶，我們還可以引導寶寶發「ㄇ——」的音。

　　【講解】鼻音發音是比較難掌握的一種發音，我們希望在寶寶一開始學習發音的時候就給他正確的發音方式上的指導。

第三節 親子教程之——和2～3歲寶寶玩的遊戲

（1）它們是什麼樣？

方法：父母與寶寶共同描述一件玩具各部分的特徵。

要點一：可以先不讓寶寶看著玩具描述，這樣可以測查寶寶的記憶能力。如果寶寶描述的不好，父母可以與寶寶一同看著玩具描述。

例：描述洋娃娃

1、洋娃娃的衣服是什麼顏色的？

2、洋娃娃的衣服是什麼樣式的？

3、洋娃娃的頭髮是什麼樣式的？

4、洋娃娃有幾個手指、腳趾？

5、洋娃娃的表情是什麼樣子的？

6、洋娃娃能不能活動？

要點二：父母要注意引導寶寶按照一定的順序對事物進行描述。如：從整體到局部、從外貌到表情等，這樣可以測查寶寶思維的條理性。

（2）你都看到了什麼？

方法：父母向寶寶提出各式各樣的問題，讓寶寶回答：

例：

1.你看見天空裡有什麼？

2.你在街上看到了什麼？

3.在公園裡你發現了什麼？

4.你的房間裡都有什麼？

要點：父母鼓勵寶寶說出更多的東西，測查寶寶的概括能力。

（3）聽音拍手

父母隨意選擇名詞，要求寶寶聽見能吃的東西就拍手。

香蕉、大象、青蛙、餅乾、蝴蝶、奶油、小狗、麵條；

桌子、鉛筆、牛奶、檯燈、果凍、蘋果、橡皮、白紙；

可樂、哥哥、警察、果汁、醫生、醬油、牛奶、工人。

完全憑藉語言辭彙就做出快速反應是比較難的，寶寶對辭彙可能有印象，但要回憶它是什麼東西又需要一個思維過程。這樣的訓練方式促進了寶寶對所學知識的鞏固和形象記憶，發展寶寶言語的快速反應能力。父母在設計名詞的時候，可以把同類名詞安排在一起促進寶寶的分類能力。

（4）扮家家酒

準備扮家家酒的玩具，如果能有其他小朋友參與就更好。你在玩的時候可以做這樣的引導：「能把你的小鍋借我用一下嗎？」看寶寶怎麼回答。寶寶可能會說：「這是我的，不給你玩！」也可能會痛快地答應你：「好吧！」

根據寶寶的年齡，你準備一些寶寶可以聽懂的話，穿插在遊戲中。遊戲最終的目的不是讓寶寶回答問題，而是透過引導的方式讓寶寶和寶寶之間或是寶寶和大人之間形成平等的交流關係。所以，這樣的遊戲最好是寶寶之間玩耍比較好。

透過創設遊戲環境，讓寶寶在群體遊戲中學會交際語言。

（5）模仿動物叫

不要刻意地教寶寶學動物叫，那樣的形式會讓寶寶覺得很枯燥的。在給寶寶講故事的時候你可以利用各種動物玩具，在講故事的過程中自然地融入各種動物的叫聲。

【講解】一部分「不喜歡說話」的寶寶對「學發音」已經有了「厭學情緒」了，你給寶寶創造的學習環境一定要自然，讓寶寶隨意跟學，不可以強迫他。

（6）背誦語詞

教寶寶背誦語詞，擴展寶寶的辭彙量，培養他的記憶力。

媽媽可以說下面的話，讓寶寶試著背誦：

1、青蛙、獅子。

2、大象、駱駝、長頸鹿。

3、今天，我和爸爸媽媽一起去動物園玩。

（7）讓寶寶認識寫字的用具

準備鉛筆、原子筆、鋼筆、彩色筆、橡皮擦、尺、白紙、黑板等。

指著其中的一種筆，問寶寶：「這是什麼筆，應該怎麼用？」

讓寶寶把這些用具分別拿到手上，體驗應該如何使用，讓寶寶隨便塗鴉，培養寶寶對這些用具的認識。

第四節 親子教程之——和3～4歲寶寶玩的遊戲

（1）接龍遊戲

玩法：3、4歲的寶寶已累積了一些辭彙，藉此遊戲可讓寶寶收集、歸納一些同音的語詞。所接的同音字，可以第一字為主。例如：箱子——香蕉——鄉下——香水……另外，也可以尾字為主。例如：蛋糕——高樓——樓房——房子……

提示：接同音詞時，父母與寶寶可輪流接詞。

那是什麼車？

目標：

1.辨別不同車子發出的聲音。

2.根據兒歌替換詞仿編兒歌。

3.發現生活中「會唱歌的車」。

兒歌：大嘴車

大嘴車，大嘴車，

邊吃垃圾邊唱歌。

請問這是什麼車？

下雨車，下雨車，

邊下雨來邊唱歌。

請問這是什麼車？

（2）「什麼東西換了地方」

玩法：以桌子為中心，在它上下、前後放上各種玩具。遊戲開始時，先讓寶寶說一下桌子的上下、前後各有寫什麼東西。然後，請寶寶把眼睛閉上（或轉過去），父母將玩具調換位置，然後，請寶寶睜開眼睛，說出什麼東西換了地方。如：「原來娃娃是在桌子上的，現在換到桌子下面了。」

教育目標：練習運用方位詞：前後、上下；副詞：原來、現在。

注意事項：遊戲要求可逐步加深，先換一樣，再換兩、三樣。

（3）仿編散文：微笑

教育目標：依照所提供散文範文，引導寶寶仿編散文。

附：微笑

小鳥說：「我願意為朋友們唱歌，讓牠們高興。」

大象說：「我願意為朋友們幹活，讓牠們高興。」

小兔說：「我願意爲朋友們送信，讓牠們高興。」

小蝸牛好著急，牠能爲朋友們做什麼呢？

一天，一群小螞蟻在搬東西，牠們從小蝸牛身邊走過時，小蝸牛向牠們友好地微笑。

一隻小螞蟻說：「小蝸牛，你的微笑真甜呀！」

小蝸牛想：對呀，我可以把微笑送給朋友們，讓牠們高興呀！

家教指導：仿編散文。啓發寶寶講述：「你看見哪些小朋友爲別人做好事，讓別人高興？」仿編：某某說：「我願意爲……讓他們高興。」啓發寶寶想：「我能爲朋友們做什麼呢？」鼓勵寶寶用流利的語言講述自己爲別人做的好事，怎樣做可以讓別人高興。在家庭中開展「我爲大家做件事」的活動，鼓勵寶寶爲長輩做一件能力所及的事，讓他們高興。

（4）大聲唸順口溜

對於稍大一些的寶寶，你可以教寶寶一些簡單的順口溜。

比如：

四是四、十是十，四十是四十，十四是十四。

白紙是張紙，柿子是柿子，用紙來寫字，吃的是柿子。

在教寶寶唸順口溜的時候最好要求寶寶大聲一些。幫助寶寶練習口舌靈活性，掌握音調變化。

（5）學唱歌

準備一些簡單的寶寶歌曲，比如《小星星》、《世上只有媽媽好》等歌曲教寶寶唱。在唱的過程中可以你一句、寶寶一句。在教唱過程中注意音準，對於你也沒把握的歌曲，你可以使用CD，不要隨意教。

如果你會彈奏樂器，那就來個配合吧！這樣可以增強寶寶的音準，促進歌唱能力。

（6）學唸《手指歌》

兩個拇指，彎彎腰，點點頭；兩個食指，變公雞，鬥一鬥；

兩個小指，勾一勾，做朋友；兩個手掌，碰一碰，拍拍手。

這個兒歌是圍繞手的動作展開的，有很強的動作性，要邊唸兒歌邊做相對的動作。先是大人唸兒歌做動作給寶寶看，引起寶寶的興趣，然後，拉著寶寶的小手邊唸邊做動作。這個活動能讓寶寶有多方面的收益，在學說兒歌的同時，認識自己的手指，意識到手指能做不同的動作，發展手指的靈活性和語言能力。

（7）教寶寶背誦唐詩

這個時期的寶寶不一定能夠理解唐詩的意思，但是可以盡量給寶寶解釋唐詩究竟是什麼，然後教給他背誦。

比如教寶寶背誦《鵝》，可以先給寶寶講述，古代有一個小孩，走到池塘邊，看到在水裡游泳的鵝十分好看，就寫了一首詩。如果有的唐詩寶寶不是很理解，也可以教他背誦，這些唐詩隨著寶寶年齡的增加會在他的小腦袋瓜裡漸漸「發酵」，成為他語言的一部分。

（8）我有一個溫暖的家

讓寶寶敘述自己的家庭成員：爸爸媽媽的名字、長相、工作，爸爸媽媽都有什麼特點。

問寶寶是不是愛自己的爸爸媽媽，讓寶寶說出為什麼喜歡爸爸和媽媽。問寶寶自己的家是不是溫暖的，為什麼。

引導寶寶說出父母對自己關心的具體事例。如果有爺爺奶奶等長輩，也可以引導寶寶描述爺爺奶奶的性格和喜好。

第五節 親子教程之──和4～5歲寶寶玩的遊戲

（1）四季顛倒歌

培養目的：發展寶寶聽音辨別能力及聽出語句中錯誤的能力。

活動過程：父母向寶寶朗誦兒歌，請寶寶找出兒歌當中錯誤的地方，並且能夠改正過來。父母和寶寶一起編出正確的四季歌。

附：兒歌──四季顛倒歌

春天到來風兒涼，菊花黃呀桂花香，

小燕怕冷飛南方，蘋果柿子摘滿筐。

夏天裡，大雪飄，玩雪滑冰真正好，

冰天雪地荷花開，蓮兒大呀藕兒白。

秋天裡呀桃花紅，楊柳吐綠草兒青，

農民伯伯忙播種，哥哥姐姐放風箏。

冬天河水嘩嘩響，大家划船魚兒忙，

弟弟熱得光脊樑，奶奶搖扇汗水淌。

提示：父母在指導寶寶進行語言活動時，要注意讓寶寶多說，給予適當的指導，不要著急，給寶寶充分的時間進行思考。

（2）給予稱讚

1.父母給寶寶講一個小故事（內容簡要）：兩個小朋友表演了一個舞蹈，舞跳得很好，下臺以後有人表揚他們。一個小朋友微笑著看著表演者的眼睛，大大方方地對表揚者做了一個謝幕的動作，說聲「謝謝」；另一個小朋友漲紅了臉，躲到別人身後，連聲說「我跳得不好」。

2.請寶寶說一說哪位小朋友做得好，誰更可愛？為什麼？你願意做哪個寶寶？

3.問一問寶寶：

當你做得好的時候，別人稱讚你，你是不是很高興？同樣的，別人做得好的時候，你稱讚他，他也會很高興。

為什麼有的人稱讚你，你會覺得不舒服呢？他說的不是真話，或說的過分了。我們在稱讚別人時不要說假話，也不要說的太多了。

可稱讚的東西有哪些？不要只注意衣服、外貌，更要多注意別人做得好的事情。

（3）說說你自己

方法：父母讓寶寶說說自己。

例：

我叫什麼名字？

我的父母叫什麼名字？他們是做什麼工作的？

我最喜歡吃什麼？玩什麼？穿什麼？

我有什麼本領？將來打算做什麼？

要點：測查寶寶大膽的表達能力。

（4）卡片猜畫

父母準備畫有各種寶寶熟悉的事物的卡片，和寶寶一起玩猜紙牌的遊戲。爸爸或媽媽用自己的語言說出紙牌上畫的是什麼東西，但是不能直接說出所畫的事物的名稱，寶寶來猜猜看卡片上畫的是什麼。例如電冰箱，父母就說：「它很冷，肚子裡有好多好吃的東西，我們家有什麼好吃的東西都先給它，停電的時候，它就變熱了……」提示的線索逐漸的明顯，寶寶根據父母提供的線索，思考圖片上畫的是什麼東西。像牙刷、毛巾、椅子、房子、花朵，所有寶寶熟悉的物品都可以成為卡片的內容。

（5）背誦短文

可以選擇書上與日常生活關係緊密的短文或過去生活中發生的事情，母親說短文，然後讓寶寶模仿。如果有錯誤，立刻糾正。可以選擇以下的題目：

1.全家一起到海水浴場玩。

2.春天來了。

3.火車出發了。

4.媽媽給我買了一個機器人玩具。

263

（6）說反義詞

讓寶寶說反義詞，可以理解語言的正確使用方法，增強寶寶的語言能力。

可以指著圖問寶寶：「高的相反是什麼？」、「明亮的相反是什麼？」等問題。如果寶寶回答不出來，可以用具體的方法提示他：「爸爸好高哦，那寶寶和爸爸比呢？」

也可以不用圖畫。問寶寶：「硬的反義詞是什麼？」、「親切的反義詞是什麼？」

也可以和寶寶談一些自己曾經歷過的故事，寶寶理解不了的不要強求。

（7）語言的類推遊戲

問寶寶以下的問題：

1.象很大，老鼠呢？

2.雪是白色的，頭髮呢？

3.馬跑的很快，烏龜呢？

第六節 親子教程之──和5～6歲寶寶玩的遊戲

（1）組詞活動

方法：父母說出一個字，請寶寶用這個字組成一個詞。

例：好──好寶寶；白──白貓

要點：測查寶寶的辭彙量。

（2）爸爸做，寶寶說

方法：父母模仿一個動作，讓寶寶說出相對的動作詞句。

例：父母模仿「搬、看、打、推、寫、喝……」的動作，問寶寶：「我在做什麼？」

要點：此活動可以測查寶寶使用動詞的能力。

（3）用形容詞描述

方法：父母提出幾個形容詞，讓寶寶用來描述身邊的事物。

例：紅、甜、硬、熱、美麗、快樂……

如：紅的蘋果、紅的太陽、紅的衣服……

美麗的寶寶、美麗的花朵……

要點：測查寶寶對形容詞的掌握程度。

（4）看圖講述

方法：父母與寶寶共同看一幅內容豐富的圖畫，讓寶寶描述圖中有些什麼？圖中的人在做什麼？

要點：測查寶寶的分析、表達能力。

（5）聽故事，回答問題

方法：父母把下面的故事唸給寶寶聽，然後讓寶寶回答問題。

故事1：

週日的晚上，天空中黑雲密佈，眼看著一場大雨就要來了。民民問爺爺：「爺爺，就要下大雨了，您說會不會閃電、打雷呢？」

爺爺笑咪咪地說：「當然會了，你是不是有點害怕了？」

「和爺爺在一起，我才不怕呢！」民民神氣地說。

突然間，天空中電閃雷鳴，大雨嘩嘩地下了起來。民民坐在爺爺的腿上問：「爺爺，您說為什麼下雨總是先看到閃電再聽到雷聲呢？」

爺爺笑著反問民民：「你說這是什麼原因呢？」

民民想了想說：「上次下雨的時候，同同告訴我因為人的眼睛是

長在耳朵的前面的，所以我們總是先看到閃電，再聽到雷聲的。」

爺爺聽了民民的話，大笑起來說：「我來告訴你真正的原因吧！在天空中，閃電和雷聲其實是同時產生的，但是因為光的速度遠比聲音的速度快，所以我們總是先看到閃電，再聽到雷聲。你明天到幼稚園的時候，問問老師，看爺爺說的到底對不對？」

民民點了點頭，高興地說：「這下我可以給同同講講了。」

問題：

1.民民害怕閃電和雷聲嗎？

2.民民最先看到閃電還是先聽到雷聲？

3.同同告訴民民的話對嗎？

4.你知道為什麼我們總是先看到閃電再聽到雷聲嗎？

5.你能把閃電和雷聲的故事告訴小夥伴嗎？

故事2：

水塘旁邊，住著三種動物，牠們是：三隻鴨子、一隻青蛙和兩隻貓。牠們都很喜歡吃魚，鴨子會把頭伸到水裡去抓魚，青蛙可以潛到水中抓魚，而貓卻可以學著人的樣子用魚竿釣魚。

有一天，青蛙說：「我們來一次抓魚比賽吧！看誰抓的魚多。」

鴨子和貓都同意了。

第二天一早，青蛙、鴨子和貓都早早地在水塘邊開始抓魚了。牠們都使出自己最大的本領，都想獲得冠軍。抓魚比賽一直從早上進行到天黑才結束。

最後評比誰是第一名時出現了問題。貓抓的魚最少，但牠抓的魚很大，重量最重，貓要求誰抓的魚最重誰是冠軍。青蛙抓的魚數量最多，但重量比貓輕，牠要求誰抓的數量多誰是冠軍。爭吵不休，最後誰也沒有當成冠軍，牠們決定明天再比賽，可是還是沒有決定是以數量還是以重量決定勝負。

請寶寶回答：

1.水塘邊住著幾種動物？

2.鴨子有幾隻？

3.貓是怎樣抓魚的？

4.誰提出進行抓魚比賽的？

5.誰抓的魚重量最大？

6.誰是抓魚冠軍？

要點：測查寶寶的分析、總結能力及用語言表達出來的能力。

（6）續編故事結尾

方法：父母把下面的故事唸給寶寶聽，然後讓寶寶把結尾續上。

故事1：

星期天，媽媽帶點點到公園裡玩，公園裡的人多極了。點點和媽媽走散了。他們都很著急，點點想啊想，想出了好幾個找到媽媽的辦法，你能猜一猜嗎？

故事2：

貓媽媽有兩隻貓寶寶，一隻白貓寶寶和一隻黑貓寶寶。白貓寶寶勤勞能幹，每天都和媽媽一起練習抓老鼠的本領。黑貓寶寶非常好吃懶惰，天天睡大覺。

漸漸的兩隻貓寶寶都長大了。一天，貓媽媽說：「我的寶寶，你們都已經長大了，該自己去抓老鼠了，媽媽今天要看看誰抓的老鼠最多。」於是兩隻貓寶寶就獨自去抓老鼠了……

故事3：

樹林中有許多鳥兒。有百靈鳥、啄木鳥、畫眉鳥、布穀鳥和黃鸝鳥。牠們每天一起又唱又跳，非常快樂地生活，像一家人一樣。有一天，一隻狐狸走過來了，牠看到鳥兒那麼高興非常生氣，就想出一

個壞主意。牠對啄木鳥說：「你唱的最好聽，別的鳥都沒有你唱的好聽，你與牠們在一起牠們都把你的歌聲弄糟了。」啄木鳥聽了以後⋯⋯

要點：父母鼓勵寶寶續編出更多的方法、結果，這樣可以測查寶寶的想像力及表述能力。

親子遊戲：家庭小記者

開辦一個家庭電視臺，讓寶寶擔任小記者去採訪父母，問問父母今天工作中發生了什麼趣事、回家的路上看到了什麼、有什麼開心和不開心的事情、媽媽對爸爸有什麼意見等等。寶寶只要提出問題，父母做出回答，寶寶做為一個聽眾認真的傾聽。這樣很容易吸引寶寶的興趣。

（7）讓寶寶和小朋友開「唐詩會」

讓寶寶和其他的小朋友一起比一比，看誰會背的唐詩多，寶寶的好勝心通常比較強，這樣會激發他們背誦唐詩的願望。

還可以讓寶寶試著說這首唐詩的作者是誰，唐詩的大概意思是什麼。寶寶說不出，父母可以在旁邊補充。

但是，如果自己的寶寶沒有比贏別人，也一定要採用正面鼓勵，千萬不可責備和奚落，以免傷害了寶寶的自尊心。

（8）讓寶寶自己製作「名片」

準備紙和繪畫筆，讓寶寶寫下自己的姓名、家裡地址、電話號碼（可以畫圖做標記），也可以讓寶寶畫上自己的自畫像，給寶寶充分發揮的自由空間，製成各式各樣的名片。

讓寶寶帶著自己的名片，送給其他小朋友或鄰居。

告訴寶寶他名字的由來，讓他加深對自己名字的認識，讓他給別人介紹自己名字的意義。

國家圖書館出版品預行編目資料

早期的寶寶教育／陳光總主編
－－第一版－－台北市：宇炯文化 出版；
紅螞蟻圖書發行，2010.4
面　　　公分－－(父母大學；7)
ISBN 978-957-659-767-1 (平裝)

1.育兒　2.語言訓練

428.85　　　　　　　　　　　99004995

父母大學 7

早期的寶寶教育

總 主 編／陳　光
美術構成／Chris' Office
校　　對／朱慧蒨、周英嬌、楊安妮
發 行 人／賴秀珍
榮譽總監／張錦基
總 編 輯／何南輝
出　　版／宇炯文化出版有限公司
發　　行／紅螞蟻圖書有限公司
地　　址／台北市內湖區舊宗路二段121巷28號4F
網　　站／www.e-redant.com
郵撥帳號／1604621-1　紅螞蟻圖書有限公司
電　　話／(02)2795-3656 (代表號)
傳　　眞／(02)2795-4100
登 記 證／局版北市業字第1446號
港澳總經銷／和平圖書有限公司
地　　址／香港柴灣嘉業街12號百樂門大廈17F
電　　話／(852)2804-6687
法律顧問／許晏賓律師
印 刷 廠／鴻運彩色印刷有限公司
出版日期／2010年 4 月　第一版第一刷

定價 260 元　港幣 87 元

ISBN　978-957-659-767-1　　　　　　Printed in Taiwan